国家星火计划培训丛书

# 生物技术在农业废弃物上的应用与实践

主　编　科学技术部农村科技司

编　著　唐清池

参　编　张福亮　刘希鹏　郭银保　王学宾
　　　　程　涛　白　帅　李忠宏　董振华
　　　　郝红伟　程雅珍　车　缇　赵韶琴

中国农业大学出版社

· 北京 ·

**图书在版编目（C I P）数据**

生物技术在农业废弃物中的应用与实践 / 唐清池编著. -- 北京 : 中国农业大学出版社，2015.12
ISBN 978-7-5655-1436-4

Ⅰ. ①生… Ⅱ. ①唐… Ⅲ. ①生物技术—应用—农业废物—废物处理 Ⅳ. ①X71

中国版本图书馆CIP数据核字（2015）第269346号

书　　名　生物技术在农业废弃物中的应用与实践
作　　者　唐清池

责任编辑　张　蕊　张　玉
封面设计　覃小燕
出版发行　中国农业大学出版社
社　　址　北京市海淀区圆明园西路2号　　　邮政编码　100193
电　　话　发行部 010-62818525,8625　　读者服务部 010-62732336
　　　　　编辑部 010-62732617,2618　　出　版　部 010-62733440
网　　址　http://www.cau.edu.cn/caup　　E-mail cbsszs@cau.edu.cn
经　　销　新华书店
印　　刷　廊坊市蓝海德彩印有限公司
版　　次　2015年12月第1版　　2015年12月第1次印刷
规　　格　850×1 168　　32开本　　3.25印张　　84千字
定　　价　15.00元

图书如有质量问题本社发行部负责调换

# 前言

国家科技部于1986年提出的星火计划，对推广各项新技术，推动农村经济发展，引导农民增收致富，发挥了巨大的作用。科技部十分重视对农村干部、星火带头人、广大农民的科技培训，旨在激发农民学科技的热情，提高农民的科学文化素质和运用科技的能力，为农村培养新型实用人才、农村科技带头人和农村技术“二传手”，为解决“三农”问题提供强有力的科技支撑和示范模式，为社会主义新农村建设和发展现代化农业作出贡献。

2010年的中央一号文件，再次锁定“三农”，这是21世纪以来连续第7个关注“三农”的中央一号文件。培训“有文化、懂技术、会经营”的新型农民已成为当前社会主义新农村建设中的一项重要内容。为响应党中央、国务院、科学技术部的号召和指示，适应新的“三农”发展现状，推进高新农业科技成果的转化，使农业科技的推广工作落到实处，科学技术部农村科技司决定新编一套《国家星火计划培训丛书》，并委托中国农村科技杂志社组织编写。该套丛书旨在推广目前国内国际领先的、易于产生社会效益和经济效益的农业科学技术，介绍一些技术先进、投资少、见效快、环保、长效的项目，引导亿万农民依靠科技发展农村经济，因地制宜地发展本土经济，提高农产品的市场竞争力，实现增产创收。也可对农民、农村、农业上项目、找市场、调整产业结构提供借鉴和参考。

此系列丛书我们精心组织来自生产第一线的科技致富带头人和有实践经验的专家、学者共同编写。不仅学科分布广、设置门类多、知识涵盖面宽，力求收入教材的资料为最新科技成果，内容通俗易懂，能够满足不同培训对象的学习要求，而且具有较强的系统性、应用性和时效性，能够满足全国各地开展得如火如荼的农民科技培训的需要，满足科技部关于农村科普工作的需要。为科技列车、科技下乡、科技扶贫、科普大篷车、星火科技培训等多种形式的科技下乡惠农活动，提供稳定的农村科普“书源”。

目前，我国农业和农村经济发展已经进入了新阶段，随着我国农村经济结构调整的不断深入，党中央、国务院提出了“夯实‘三农’发展的基础，落实国家重大科技专项，壮大县域经济”的指示，星火计划的实施也呈现出新的特色。在这一时期，需要坚持以人为本，把提高农村劳动者素质摆在重要位置，把动员科技力量为农民服务作为重点。在此之际，为了更好地服务于广大农民和农村科技工作者，我们精心编撰了这套新的《国家星火计划培训丛书》。但由于时间紧、水平有限，不足之处在所难免，衷心欢迎广大读者批评指正。

《国家星火计划培训丛书》编委会

2010年2月

# 目　录

# 第一章 农业废弃物概述

我国农业废弃物在20世纪80年代以前量少而分散，几乎不存在农业废弃物污染环境的问题。随着农业生产水平和农民生产水平的提高，对原来用作燃料和肥料的农业废弃物的利用越来越少，因此农业废弃物越来越多。如，农作物秸秆被简单的烧掉严重污染大气环境；畜禽粪便乱堆乱排，对地表水、地下水、土壤、空气造成严重污染，对这些资源也造成严重浪费。21世纪是一个生态文明的世纪，人们把追求人与自然和谐相处的研究和实践活动推上当今社会发展主旋律的位置，进而成为全球性的时代潮流。它预示着人类即将进入一个崭新的文明时代，即生态文明建设时代。我国是一个农业大国，农业生产中的废弃物种类繁多，数量巨大，这些废弃物如不经妥善处理，将会对环境造成严重的污染。

有机废弃物是目前“三农”中面临的现实问题，因此，如何合理利用农业废弃物资源，真正实现农业废弃物变“废”为“宝”，对缓解我国能源压力，消除环境污染，改善农村生态环境，促进农业的可持续发展具有现实和深远的意义。

我国已成为世界上农业废弃物产出量最大的国家，其中农作物秸秆年产量已超过7亿t，折合成标煤约为3.5亿t，全部利用可以减排8.5亿t二氧化碳。秸秆综合利用率约为50%，每年约有30%的农作物秸秆被废弃或者进行焚烧，没有得到合理的开发和利用。锯末、刨花等林业废弃物16000t，畜禽粪便排放量134亿t，城市垃圾7万t以上。随着工农业生产的迅速发展和人口的增加，这些废弃物以年均5%～10%的速度递增。这其中大部分废弃物被当作垃圾丢弃或排放到环境中，成为严重污染生态环境的污染源。主要表现在：①臭气、秸秆焚烧、温室气体排放，加剧了空气污染；②重金属和农药、兽药残留污染土壤，增加环境生物的耐药性；③农业“白色污染”严重影响土壤正常功能；④污水横流增加面源污染和水体富营养化；⑤病毒传播，疾病蔓延，尤其是人畜共患病等方面；⑥可利用资源极大浪费。

北京、上海两地猪场的调查资料表明，近年来，规模化养殖场的仔猪和产仔母猪的病死率一直居高不下，使用循环污染的地下水是主要原因。

规模化养鸡场也发现了同样的问题，近年来鸡的死亡淘汰率也呈现上升趋势，严重地影响了畜禽业自身的发展。

饮用水和健康安全受到严重威胁，65.4%的人口饮用不合标准的水，有48%的地表水源、20%的地下水源达不到标准。

淮河流域污染严重地区几年都检不出合格的义务兵，居民的肠道疾病率、癌症发病率（主要肝癌）及婴儿先天性畸变、畸胎的发生率比对照区有明显的增高。

畜禽粪尿及废水造成的水体、土壤和空气的严重污染，最终会导致畜禽传染病和寄生虫病的蔓延与发展。人畜共患传染病，其中较为严重的至少有89种，即可由猪传染的约25种。我国的固体废物污染防治工作总体上还处于起步阶段，基础设施薄弱，固体废物污染十分严重。我国固体废物的现状是，工业固体废物综合利用率稳中有升，综合利用率达到52.1%，垃圾年处理量7835万t，处理率达到58.2%。当前固废防治工作存在的突出问题主要有以下几方面。

**1．工业固体废物综合利用和处置问题突出，乡镇企业工业固废处置更是薄弱环节**

据统计，全国堆积矿山固体废物占用或破坏土地达900km$^2$，其中2/3是耕地。农村固体废物污染问题日益严重。由于农业生产的集约化，畜禽粪便未经有效处理直接排入环境，严重污染空气和水体。农村的大量生活垃圾基本没有得到有效处理处置。

**2．农业废弃物逆向物流除具有一般的逆向物流的特点外，还有其典型的特点**

（1）数量大

我国是世界上农业废弃物产出量最大的国家，每年大约有45亿t。

（2）分散性

我国地域辽阔，农村生产和生活比较分散，村落相互之间的距离近的几百米，远的几十公里；家庭是农村的基本生产单位和生活单位，因其分布地域广泛，从而导致农业废弃物逆向物流的分布面广、逆向物流服务对象的数量庞大，逆向物流规模普遍较小。

（3）季节性和周期性

农业生产有着非常强的季节性，这就决定了农业废弃物逆向物流也具有较强的季节性，表现为在农产品成熟时，出现短时、较大的农业废弃物，而季节过后，农业废弃物迅速减小；畜禽生长出栏也都有一定的周期，这些导致农业废弃物逆向物流呈现较大的周期性和波动性。

（4）差异性

由于不同地域、自然条件的差异，使得各地农副产品品种多样，生产方式各不相同，导致农业废弃物逆向物流的巨大差异性和多样性。

我国农业废弃物的产生量和危害仅仅是根据作物和养殖规模进行的粗略估算，没有一个准确的数据，必将带来农业废弃物逆向物流的盲目性，难以制订农业废弃物逆向物流的发展规划。

数以亿计的农业废弃物已经成为我国最大的污染和潜在资源

库。目前，人们对农业废弃物的双重性认识不清，多数学者关注的是农村正向物流、工业废弃物的逆向物流或者农业废弃物的开发利用技术，而很少有人关注农业废弃物的逆向物流。农村物流基础设施薄弱。我国农村物流基础设施建设仍然相当落后，主要表现在道路、运输工具、通信水平、商品储存保管水平上。这些都给农业废弃物逆向物流的发展带来了不便。

农业技术与装备落后。以投入领域为例，国内大部分资金投向了农业生产领域，进入流通领域的资金不足，不清楚农业废弃物产品开发的主攻方向，导致我国农业废弃物转化产品品种单一、质量差、利用率低、商品价值低，不能形成产业化，也就不能有效地转化农业废弃物，实现资源化利用。搬运方面，机械化水平低，设备数量有限，大多数靠人工操作，这无疑增加了发展农业废弃物逆向物流的成本。

农业废弃物是一类具有潜在利用价值的农业资源，是一种放错了地方的资源。农业废弃物的资源化利用是指通过一整套废物综合利用技术，使农业废弃物的循环再生利用成为连接农业生产不同环节的纽带，从而把种植业、养殖业和农产品加工业连成一个有机整体，成为完整而协调的大农业生产系统。因此，农业废弃物的资源化利用问题，就成为当今农业与农村可持续发展中的一个重要课题。

随着固体废物对环境污染程度的加重以及人们对环境污染越来越关注，《中华人民共和国固体废物污染环境防治法》中首先确立了固体废物污染防治的“三化”原则，即：“减量化、资源化、无害化”原则。其中资源化是指在企业生产过程中采取管理和工艺措施，在固体废物中收回物质和能源，以前一种产品的废物做后一种产品的原料，再以后一种产品的废物生产第三种产品，如此循环和回收利用既可使固体废物的排出量大大减少，还能使有限的资源得到充分的利用，满足良性的可持续发展要求。

目前，农业废弃物再利用技术发展重点是具有突出的性能特点、与高科技技术相结合，发展清洁、便利的能源，同时建立一套适合我国农业废弃物的再生利用的发展体系，为实现农业的可持续发展，推动循环农业做出贡献。

# 第二章 农业废弃物的来源、分类与危害

## 第一节 废弃物的来源、分类

### 一、固体废物的定义

固体废物是指在生产、生活和其他活动中产生，在一定时间和地点无法再利用而被丢弃的污染环境的固态、半固态废弃物。

固体废物是一个相对性的概念，也被称为“放错了地点的原料”。从一个生产环节来看，它们是废物，但是从另一个生产环节来看，它们往往又可以作为原料来使用。

### 二、固体废物的分类

**1．按组成**

有机废物：以有机物为主要成分的废物。

无机废物：以无机物为主要成分的废物。

**2．按形态**

可分为固体(块状、粒状、粉状)、液体和泥状的废弃物。

**3．按来源**

有工业固体废物（废渣、废屑）、农业固体废物（秸秆、畜粪）、矿业固体废物（尾矿、废石）、环境工程废物（污泥、粉尘）、城市垃圾和放射性废弃物等。

**4．按危害性**

有危险废物（具有毒性、易燃性、腐蚀性、反应性、传染性、放射性、爆炸性）、无害废物。

## 三、主要工业固体废物的来源和分类

### 1．来源

矿业生产过程中，产生的废石、尾矿等；冶金生产、金属冶炼和加工过程中，产生的高炉渣、钢渣、铁合金渣、赤泥、铜渣、铅锌渣、镍钴渣、汞渣等。

### 2．分类

能源方面：煤炭开采和使用时产生的煤矸石、粉煤灰、炉渣等。石油开采与加工时产生的油泥、焦油页岩渣、废催化剂、硫酸渣、酸渣碱渣、盐泥、釜底泥等。

轻工方面：食品、造纸等加工过程中产生的废果壳、废烟草、动物残骸、污泥、废纸、废织物等。

其他方面：有金属碎屑、电镀污泥、建筑废料等。

## 四、城市垃圾的产生和分类

①城镇居民生活过程中产生的食品废物、生活垃圾、粪便、炉灰及某些特殊废物。

②仓库、餐馆、商场、办公楼、旅馆及各类商业与维修业活动产生的食品废物、炉灰，某些特殊废物、偶尔产生危险的废物等。

③公共地区如：街道、小巷、公路、公园、游乐场、海滩及娱乐场所产生的垃圾及特殊废物。

④城市建设如：居民楼、公用事业、工厂企业、旧建筑物拆迁修缮等产生的建筑渣土、废木料、碎砖瓦及其他建筑材料等。

⑤水处理厂如：给水与污水、废水处理厂产生的污泥等。

⑥放射性固体废弃物：在开矿、矿石加工、制反应堆燃料、核武器燃料、医疗等过程中产生的污化产物、制造和使用放射性产品产生的放射性废弃物。

## 第二节 农业废弃物的来源与分类

农业废弃物（agricultural residue），是指在整个农、林、牧、渔业等生产及日常生活过程中产生的植物残余类废弃物，畜牧渔业生产过程中产生的动物类残余废弃物，农业加工过程中产生的加工类残余废弃物和农村城镇生活垃圾等。通常我们所说的“农业废物”主要指农作物秸秆和畜禽粪便。

**1．按成分分类**

可分为植物纤维性废弃物和畜禽粪便。

**2．按来源分类**

①农田和果园残留物，如作物或果树的秸秆或枝条、杂草、落叶、果实外壳等、农副产品加工后的剩余物。

②牲畜和家禽的排泄物及畜栏垫料等。

③动物类废弃物（牧、渔业生产过程中产生的残余物）。

④农村居民生活废弃物，包括人类粪便、生活垃圾和生活污水等。

## 第三节 农业废弃物的危害

农业废弃物包括集农村和城镇居民的生活垃圾，集约化养殖业产生的畜禽粪便和种植业产生的秸秆。目前，我国是世界上农业废弃物产出量最大的国家，过去，我国农民将农业废弃物作为有机肥使用，在促进物质能量循环和培肥地力方面发挥了巨大的作用。但是，随着市场经济的发展，农业废弃物转化为有机肥料面临一系列新的问题和严峻的挑战。一方面，废弃物成分发生了很大的变化，同时，种植业逐渐转向省工、省力、高效、清洁的栽培方式；另一方面传统的有机肥料积、制、存、用技术已经不能适应现代农业的发展。因此，农业废弃物不再受欢迎，成为严重污染生态环境的污染源。

农村和城镇居民的生活垃圾成分主要是厨房废弃物（废菜、煤灰、蛋壳、废弃的食品）以及废塑料、废纸、碎玻璃、碎陶瓷、废纤维、废电池及其他废弃的生活用品等，组成十分复杂。农村和乡镇生活垃圾在成分和性质上基本与城市生活垃圾相似，只是在组成的比例上有一定区别，有机物含量多，水分大，同时掺杂化肥、农药等与农业生产有关的废弃物。这些废弃物比较分散处理难度大，再者没有足够的重视和相应的技术手段，所以这些废弃物造成的危害远比城市大得多。

我国自改革开放以来，随着人民生活水平的提高和饮食结构的巨大变化，畜禽产品在饮食结构中所占比重逐渐增大，因此，农村副业发展迅速，特别是畜禽养殖业。畜禽养殖业由庭院式向集约化、规模化、商品化方向发展。随着畜禽养殖业规模的不断扩大，畜禽数量的增多，在解决人类肉、蛋、奶需求的同时，不可避免地带来畜禽养殖废弃物的急剧上升。畜禽养殖废弃物主要为粪便、伴生物和添加物。其中粪便为主要污染物，占整个排放污染物的比重较大。

大量畜禽粪便污染物不但不能被充分利用，有些还被随意排放，从而对我国生态环境形成了巨大的压力，使得水体、土壤以及大气等环境受到了严重的污染。

目前，我国已成为世界上最大的肉蛋生产国，猪肉、禽肉、鸡蛋产量均位居世界第一。2002年，我国畜禽粪便产生总量约41亿t，是工业固体废弃物产生量的4.1倍，其中1/3产自集约化养殖场，预计2015年将达到60亿t。我国规模化畜禽养殖场，基本都建于对居民产生环境影响的区域范围内，一些地方的规模化畜禽养殖场甚至就建在居民区内。2007年我国农业面源污染物的化学需氧量（COD）排放量为1325.09万t，占COD排放总量的43.7%，总氮（TN）、总磷（TP）排放量分别为270.46万t和

28.47万t，分别占排放总量的57.2%和67.4%。2007年畜禽养殖业的COD、TN和TP分别占农业源的96%、38%和56%。60%的养殖场缺少干湿分离，80%左右的规模化养殖场缺少必要的污染治理投资，90%以上的养殖场没有综合利用和污水治理设施。我国畜禽养殖业废弃物的配套处理设施少，处理水平低下，畜禽污水排入江河湖泊中，造成水体N、P量升高，导致水体严重富营养化；污水中有毒、有害成分如重金属铜、锌、砷等一旦进入地下水中，可造成持久性的有机污染，极难治理、恢复。畜禽粪便中含抗生素40种以上，臭味化合物160种，其中含量最多的有硫化氢、氨气、脂肪族醛类、粪臭素和硫醇类等。

畜禽养殖污水长期用于灌溉，会使作物徒长、倒伏、晚熟或不熟，造成减产，大面积腐烂。此外，高浓度污水可导致土壤孔隙堵塞，造成土壤透气、透水性下降及板结，严重影响土壤的质量。

昔日分散的畜禽废弃物，如今已成为巨大的集中污染物来源，年产粪便已数倍于城市居民的粪尿排放总量。这种污染所产生的环境污染问题和影响范围、深刻程度已经远远超过了工业污染和城市扩张的影响。在21世纪，工业化的现代农业将产生巨大的、不可逆转的环境影响。如2007年5月28日，太湖蓝藻大暴发，无锡市70%的自来水厂水质污染，影响了200万人口的生活用水。自来水恶臭难当，不仅不能饮用，连洗澡都不行。从畜禽粪便的土地负荷来看，我国总体的土地负荷警戒值已经达到环境胁迫水平。

**1．固体废物会对环境和人体健康造成污染和危害**

（1）侵占土地，污染土壤

固体废物如不加利用，必需占地堆放，堆积量越大，占地越多。一般来说，堆存1万t废物占地约1亩，而受污染的土壤面积要比堆存面积大1倍以上。土壤是许多细菌、真菌等微生物聚居的场所，这些微生物在土壤功能的体现中起着重要的作用，它们与土壤本身构成了一个平衡的生态系统，而未经处理的有害固体废物，经过风化、雨淋、地表径流等作用，其有毒液体将渗入土壤，进而杀死土壤中的微生物，破坏了土壤中的生态平衡，污染严重的地方甚至寸草不生。

（2）污染水体

固体废物中的有害成分随天然降水和地表水径流入江、河、湖泊、海洋或随风迁落入江、河、湖泊或海洋，造成更大的水体污染。未经处理的粪尿，其中的氮一小部分以氨气的形式挥发到空气中，增加了大气中的氮含量，严重时导致酸雨的形成，对人、畜和农作物造成危害。病死的动物尸体无害化处理不到位，焚烧不彻底，有的乱扔乱抛也导致环境水体污染。如汞、镉、铅等微量有害元素，能随溶沥水进入土壤，从而污染地下水，同时也可能随雨水渗入水网，流入水井、河流以至附近海域，被植物摄入，再通过食物链进入人体，影响人体健康。我国有些地区地下水的浓度、色度、总细菌数、重金属含量等污染指标严重超标。不仅严重地影响了畜牧业自身的发展，而且造成65.4%的人口饮用不合乎标准的水，有48%的地表水源、20%的地下水源达不到标准，严重威胁人类健康。肠道疾病率、癌症发病率（主要肝癌）及婴儿先天性畸变、畸胎的发生率明显的增高。

（3）污染大气

一些有机固体废物，在适宜的温度和湿度下被微生物分解能释放出有害气体，造成大气污染。据测定，猪粪可产生230种恶臭物质。恶臭刺激嗅觉神经与三叉神经，能影响人、畜的呼吸机能；有些恶臭物质如硫化氢、氨等，还具有强烈的毒性，浓度大时，能使人、畜中毒。

（4）污染环境，广泛传播疾病

垃圾粪便长期弃往郊外，不做无害化处理，简单地作为堆肥使用，可以使土壤碱度提高，使土质受到破坏还能滋生蚊蝇，传播大量的病原体，特别是患病或隐性带病畜禽排出多种致病菌和寄生虫卵，如不适当处理，会成为传染源，不仅造成畜禽疫病传播，而且会波及人类，影响人们的健康。环境的污染还可导致各种微生物、病毒、病原体的变异，引起多种疾病的发生。全世界约有人畜共患疾病250多种，中国有120种，其中可由猪传染的有25种，由禽类传染的有24种，由牛传染的有26种，由羊传染的有25种，由马传染的有13种等，这些人畜共患疾病的载体主要是家畜粪便及排泄物。

（5）危害周围生态动植物

药物残留对畜产品及环境造成潜在污染。畜产品中残留的药物有兽药、医药、消毒药、农药及其他化学物质，瘦肉精残留问题。此外，抗生素和激素的滥用、维生素和微量元素的超量使用也会造成药物残留。

**2．农作物秸秆焚烧对环境的影响**

随着农业生产水平和农民生活水平的不断提高，对原来用作肥料和燃料的农业废弃物的利用越来越少，因此农业废弃物越来越多。我国已成为农业废弃物产量大国，其中，农作物秸秆年产量达9亿t（干质量），可供青贮的茎叶等鲜料约18亿t，锯末、刨花等林业废弃物16000t。随着农业生产的迅速发展和人口的增加，这些废弃物以年均5%～10%的速度递增。这其中大部分废弃物被当作垃圾丢弃或排放到环境中，造成可利用资源的浪费和对生态环境的污染。

（1）影响空气

近年来我国农村能源结构正在逐渐发生变化，使用商品能源的农村人口逐渐增加，秸秆利用率呈明显的降低趋势，在麦收和秋收季节，仍有直接焚烧秸秆的现象。燃烧的秸秆会产生大量氮氧化物、二氧化硫、碳氢化合物及烟尘，氮氧化物和碳氢化合物在阳光作用下还会产生二次污染物臭氧等。这样不仅不能有效利用这部分资源，还导致二氧化碳等气体的排放，污染了空气，加重了全球气候变暖。露天焚烧秸秆还容易造成火灾，烧伤人、畜甚至致死。

（2）影响地力

土壤中含有许多对农作物有益的微生物，其对促进土壤有机质的矿质化、加速养分释放和改善植物养分供应起着重要作用。绝大多数土壤微生物在15～40℃活性最强。表层土壤过火以后，地下5cm处温度可达60～90℃，高温抑制土壤中的微生物生长，从而影响农作物养分的转化和供应，导致土壤肥力下降。

（3）影响交通

我国耕地倒茬时间短、复种指数高，抢收、抢种约1周的时间，客观上造成焚烧农作物秸秆的时间较为集中。燃烧秸秆形成的大量烟雾，使能见度大大降低，严重干扰了正常的交通运输。在交通干线两侧和机场附近，这种影响尤为突出。在焚烧期间，空气能见度远低于机场运行最低标准，成都双流机场和石家庄机场几乎年年都要被迫关闭，每年造成数百万元的经济损失。

（4）浪费资源

农作物秸秆中不仅含有大量纤维素、木质素，还含有一定量的粗蛋白、粗脂肪、磷、钾等营养成分和许多微量元素。1亿t秸秆相当于18万t氮肥、42万t钾肥和4.2万t磷肥，约为全国每年化肥施用量的1/4。在田间焚烧农作物秸秆，仅能利用所含钾的40%，其余氮、磷、有机质和热能则全部损失。

中国每年有40%～45%的农作物秸秆被焚烧，不仅浪费了能源，使土壤的有机质含量下降，导致土壤板结和蓄水能力下降，同时还造成了大气环境的污染。

**3．我国的农业废弃物五大特点**

即数量大、品质差、分布广、价格低、危害多的污染特点。

每年产生的废弃物数以亿计，同时发生的污染事件也在逐年增加。农业废弃物由于有益成分含量低，可利用物不高，而有害成分含量高，利用中必须进行无害化处理，因此成本提高。虽然农业废弃物资源化与农村生物质能源利用已经开展多年，取得了一些成效。但目前我国农业废弃物的利用率和前几年相比不仅未提高，反而有所降低，秸秆焚烧和集约化养殖带来的畜禽粪污对环境的污染日趋严重，农民大多不把它作为一种资源利用，随意丢弃或者排放到环境中，使本来的“资源”变为“污染源”，对生态环境造成了很大的影响。

# 第三章 农业废弃物的处理技术

## 第一节 农业废弃物处理技术简述

农业废弃物的利用在我国有着悠久的历史，堆肥和沼气技术在传统的生态理念指引下被广泛应用，从全国生态农业示范县收集到的370多个生态农业实用模式中，有1/3是以农业废弃物的循环利用技术为纽带联结形成的高效生产模式。近些年来，我国农业废弃物资源再利用的方式主要有能源化、肥料化、饲料化和材料化等。

能源化是利用生物质能，生物质能是仅次于煤炭、石油、天然气的第四大能源，在世界能源消费总量中占14%，而且与前三大能源相比具有可再生的独特优势。比如利用粪便产生沼气发电，燃烧秸秆产生热能供热，将有机垃圾混合燃烧发电等。

肥料化是利用农业废弃物和乡镇生活垃圾，在提高土壤肥力，增加土壤有机质，改善土壤结构等方面有其独特的效果。

饲料化是利用目前农业废弃物作为饲料，主要分为植物纤维性废弃物的饲料化和动物性废弃物的饲料化，因为农业废弃物中含有大量的蛋白质和纤维类物质，经过适当的技术处理便可作为畜禽饲料应用。

材料化是利用农业废弃物中的高蛋白质资源和纤维性材料可生产多种生物质材料，比如利用农业废弃物中的高纤维性植物废弃物生产纸板、人造纤维板、轻质建材板，通过固化、炭化技术制成活性炭，生产可降解餐具材料和纤维素薄膜，利用稻壳作为生产白碳黑、炭化硅陶瓷、氮化硅陶瓷的原料，利用秸秆、稻壳经炭化后生产钢铁冶金行业金属液面的新型保温材料，利用棉秆皮、棉铃壳等含有酚式羟基化学成分制成聚合阳离子交换树脂吸收重金属。

农业废弃物的处理方法主要有如下几种。

**1．物理处理**

通过浓缩或相变化改变固体废物的结构，使之成为便于运输、贮存、利用或处置的形态。

主要方法：压实、破碎、分选、增稠、吸附等。

**2．化学处理**

采用化学方法，破坏固体废物中的有害成分，从而使其达到无害化。

主要方法：氧化还原、中和、化学沉淀和化学溶出等。

**3．生物处理**

利用动物、植物、微生物分解固体废物中可降解的有机物，从而使其达到无害化或综合利用。

主要方法：

（1）动物处理

可以利用家禽等动物作为它们的饲料，利用蚯蚓等动物对其进行处理。

（2）植物处理

主要是作为植物的肥料，增加土地的肥力。

（3）微生物处理

主要是食用菌工程技术、沼气工程技术、微生物工程技术等。

主要方法：好氧处理、厌氧处理、兼性厌氧处理。

**4．热处理**

通过高温破坏和改变固体废物组成和结构，同时达到减容、无害化或综合利用的目的。

主要方法：焚化、热解、焙烧、烧结等。

**5．固化处理**

采用固体基材将废物固定或包覆起来以降低其对环境的危害，处理对象为危险固废物。

固体废物处置方法：

（1）海洋处置

深海投弃、海上焚烧。

（2）陆地处置

土地耕作、土地填埋和深井灌注等。

固体废物回收与综合利用的目的是提取各种金属、生产建筑材料、生产农肥、回收能源取代某种工业原料，保护环境，获取一定的经济利益。

## 第二节　分类处理技术——秸秆

农业废弃物主要包括植物纤维性废弃物（农作物秸秆、谷壳、果壳及甘蔗渣等农产品加工废弃物）和畜禽粪便两大类。

其中植物纤维性废弃物元素组成除C、O、H三元素的含量高达65%～90%外，还含有丰富的N、P、K、Ca、Mg、S等。化学组成是由天然高分子聚合物及其混合物（如纤维素、半纤维素、淀粉、木质素等）和天然小分子化合物（如氨基酸、生物碱、单糖、激素、抗生素、脂肪酸等）组成。物理性质是表面密度小、韧性大、抗拉、抗弯、抗冲击能力强等。秸秆的主要成分是粗纤维，包括纤维素、半纤维素和木质素等，一般占秸秆干物质的20%～50%。植物纤维性废弃物处理技术有：物理、化学、生物3种方法。

**1．物理处理**

（1）机械粉碎法

木质纤维素原料能通过切碎、粉碎、碾磨等方法处理，以降低其结晶度，使颗粒变小，细度在75μm以下时进行酶水解，水解率可提高59%以上，随着秸秆粉碎程度加大，酶解速度随之也加大，原因可能是随着粉碎细度的增加，酶与底物接触面积增大，但粉碎只能有限的提高酶解效率，而且处理成本也相对增加。

此技术优点：密度大，含水量低，便于运输、贮存和饲喂；高温挤压使消化率提高25%；有浓郁糊香味和轻微甜度感，适口性提高；卫生条件好；可实现工厂化生产，全年进行加工。

设备：粉碎机、挤压式环模压块机、平模压块机和压缩式压块机等。

（2）高温分解

高温分解可以作为木质纤维素原料预处理方法，高温可以加快秸秆的分解速度。

（3）高能电子辐射、微波、超声波技术

这三种方法目前在大规模生产中还不能推广，因为其要求设备昂贵，成本高。

（4）秸秆挤压膨化技术

原理：将秸秆加水调质后输入专用挤压机的挤压腔，依靠秸秆与挤压腔中螺套壁及螺杆之间的相互挤压和摩擦作用，产生热量和压力，当秸秆被挤出喷嘴后，压力骤然下降，使秸秆体积膨大。

主要设备：粉碎机、螺杆式挤压膨化机、包装机等。

工艺流程：秸秆→清选→粉碎→调质→挤压膨化→冷却→包装。

此技术优点：膨化后易吸收的无氮浸出物含量提高，粗纤维与酸性洗涤纤维下降；适口性好；便于运输、贮存。

（5）热喷处理

原理：铡碎的秸秆（8cm），混入饼粕、鸡粪等，装入饲料热喷机内，在一定的热饱和蒸汽下，保持一定时间，然后突然降压，使物料从机内喷爆而出，从而改变其结构和某些化学成分，并消毒、除臭，使物料可食性和营养价值提高。

设备：粉碎机、饲料热喷机、混拌机、包装机等。

工艺流程：秸秆→清选→粉碎→加料→混匀→热喷→冷却→包装。

此技术优点：大大提高秸秆的可食性和营养价值。

**2．化学处理**

利用化学制剂作用于作物秸秆，破坏秸秆细胞中半纤维素与木质素形成的共价键，以利于瘤胃微生物对纤维素与半纤维素的分解，从而达到提高秸秆消化率与营养价值的目的。

方法：碱化、氨化、氧化还原、复合化学处理。

（1）稀酸预处理

稀酸处理法在目前被认为是除去半纤维素较成熟而又有效的方法，但此方法有不可忽视的缺点：木质素脱除效果差，而且处理后部分糖转化成有毒的脱氢化合物，对微生物具有不同程度的毒性，它比物理方法成本高，能耗大，腐蚀设备。

（2）碱预处理

在一定浓度的碱液的作用下，打破粗纤维中纤维素、半纤维素、木质素之间的醚键或酯键，并溶去大部分木质素和硅酸盐，从而提高秸秆饲料的营养价值。

碱预处理方法：

**①湿法。**每吨秸秆需NaOH8～10kg，水3～5t浸泡、冲洗。

**②干法。**将20%～40%浓NaOH溶液喷于粉碎或切断的秸秆上（30ml/100g），然后用酸中和。

碱预处理对原料的可降解性效果较好，但在处理过程中有部分半纤维素被分解损失，同时碱消耗量大，须用大量水冲洗，易造成环境污染。存在试剂的回收、中和、洗涤困难等问题，不太适合大规模生产。

（3）氧化剂处理

主要指利用$SO_2$、$O_3$及碱性过氧化氢（AHP）处理秸秆，破坏木质素分子间的共价键，溶解部分半纤维素和木质素，使纤维基质中产生较大孔隙，从而增加纤维素酶和细胞壁成分的接触面积，提高饲料消化率。臭氧处理可在常温下进行，可有效去除木质素，方法简单，但需要臭氧量较大，生产成本高。

特点：效果较好，但成本太高。

（4）有机溶剂处理

有机溶剂可降低成本，阻碍微生物生长，与酶法水解和发酵法的化合物生成相比，存在腐蚀性和毒性等问题。

（5）氨化处理

原理：用氨水、液氨、尿素或碳铵等含氨物质，在密闭条件下处理秸秆，氨与秸秆发生碱化作用（打破木质素和纤维素的酯键和镶嵌结构，溶解半纤维素和部分木质素与硅酸盐，纤维素部分水解与膨胀）；氨化作用（氨吸附在秸秆上，增加了粗蛋白含量，延缓氨的释放速度，促进瘤胃微生物的活动）；中和作用（与有机酸中和，形成适宜瘤胃微生物活动的微碱性环境）。

要点：氨用量3%～4%；处理时间随温度提高而缩短，一般4～8周；最佳含水量15%～20%。

常用秸秆氨化操作方法：①小型容器法；②堆垛法；③氨化炉法。

饲喂方法：喂前1～2d要将秸秆取出，摊在地上放氨；初次饲喂数量不能过多，逐渐提高饲喂量。

（6）复合化学处理

根据不同秸秆和牲畜选择不同的化学处理剂配方，如尿素+

氢氧化钙的复合化学处理。将5～7kg生石灰和2～3kg尿素溶于50kg水中，喷洒在切碎的100kg秸秆上，混合均匀后密封，夏天20～30d，春秋40～60d，冬季60d以上，可开封饲喂，适宜的水分为40%，尿素不得低于2%。复合化学处理融合了碱化处理对木质素分解效果好和氨化处理增加瘤胃微生物蛋白合成量的优点，克服了碱化处理残留碱量高和氨化处理对木质素软化作用差的缺点。可使采食利用率提高10%～40%，含氮量提高1～2倍，粗蛋白含量达到7%～15%。

（7）物理化学法处理

**①蒸汽爆裂**。蒸汽爆裂的优点是能耗低，可间歇也可以连续操作，无环保或回收费用，但蒸汽爆破法对木质素分离不完全。另外，蒸汽爆裂法预处理产生对发酵微生物有抑制作用的水解产物。

**②氨纤维爆裂**。氨法爆裂法不会产生对微生物有抑制作用的物质，且木质素除去后大部分的半纤维素和纤维素得以充分利用，但氨纤维素爆裂法投资成本高。

（8）生物处理技术

利用微生物对有机固体废物的分解作用使其无害化，可以使有机固体废物转化为能源、食品、饲料和肥料，还可以用来从废品和废渣中提取金属，是固化废物资源化的有效的技术方法，目前应用比较广泛的有：堆肥化、沼气化、废纤维素糖化、废纤维饲料化、生物浸出等。

其中饲料生物技术有：

**①青贮技术**。原理：将新鲜植物紧实地堆积在不透气的容器中，通过微生物的厌氧发酵，使原料中所含的糖分转化为有机酸——主要是乳酸菌。当乳酸在青贮原料中积累到一定浓度时，就能抑制其他微生物的活动，并制止原料中养分被微生物分解破坏，从而将原料中养分很好地保存下来。发酵过程中产生大量热

能，当温度上升到50℃时，乳酸菌也就停止了活动，发酵结束。

优点：饲料保持青鲜多汁的特点，并具有酸香味，牲畜比较爱吃，贮存时间较长，且技术简单，方便推行。但对纤维素的消化率提高甚微。

青贮添加剂：微生物制剂、酶制剂、抑制不良发酵的添加剂、营养添加物、无机盐。

技术要点：

a.窑的建设。容器有青贮塔、青贮窑和塑料袋，可建成地下式、半地下式和地上式。

b.原料的收割。适时收割，水分应降至60%～70%。

c.操作步骤。配制菌液，粉碎分层铺实→湿度控制在55%～60%→封窑→7～15d后开窑。

设备：粉碎机、混拌机、包装机等。

喂养注意：只能喂反刍动物，逐步加量。

**②微贮技术。**秸秆微贮是对农作物秸秆机械加工处理后，按比例加入微生物发酵菌剂、辅料及补充水分，并放入密闭设施中，经过一定的发酵过程，软化蓬松，转化为质地柔软，湿润膨胀，气味酸香，动物喜食的饲料。

原理：利用微生物将秸秆中的纤维素、半纤维素降解并转化为菌体蛋白。

优点：成本低，适口性好，消化率高，利于工业化生产。

技术要点：复活菌种→配制菌液→切断秸秆→装填入窑→水分控制→封窑→开窑。

用微贮技术制备秸秆菌体蛋白生物饲料：以农作物秸秆、杂草、树叶等为原料，将秸秆粉置于人工造就的环境中，经过生物化学作用，促使微生物的大量繁殖和活动，合成游离氨基酸和菌体蛋白，从而使秸秆转化为富含粗蛋白、脂肪、氨基酸及多种维生素的高效能秸秆饲料。

（9）秸秆能源技术

**①秸秆直接燃烧供热技术。**在供热系统中以秸秆为资源，提供燃料。在整个过程中有秸秆收集、前处理、秸秆锅炉和秸秆灰利用几部分组成。

适于在秸秆主产区的乡镇企业、政府机关、中小学校和较集中的乡镇居民，为他们提供生产、生活热水和采暖之用。

**②秸秆气化集中供气技术。**原理：通过气化装置将秸秆、杂草及林木加工剩余物在缺氧状态下加热反应转换成燃气的过程。

工艺流程：粉碎→给料机→气化器→除尘器→冷却器→过滤器→贮气柜→用户。

设备：秸秆气化机组由加料器、气化炉、燃气净化器和燃气输送机组成。

秸秆气化的优势与劣势：

优势：变废为宝、经济可行、优势明显。

劣势：燃气质量较差、热值偏低；燃气中含氧量偏高；焦油含量偏高；水洗焦油后污水排放易造成环境污染；气化设备投资偏高；使用不方便。

**③秸秆发酵制沼气。**秸秆制沼系统：包括沼气的收集、运输、净化、贮存、使用及附属设备等。

主要设备：集气室、输气管和配气管、脱硫装置、气柜、止火器（或逆火防止器）。

**④秸秆压块成型及炭化技术。**

a．成型“秸秆炭”，指压制成型的农作物秸秆烧制而成的生物质炭，成品结构紧实。

b．秸秆“生物煤”，指不经压制的农作物秸秆直接烧制而成的生物质炭，成品多松散状。

另外，利用各种农业废弃物，如农作物秸秆发酵制备燃料乙醇、燃料油、间接液化生产合成柴油等，显著提高了其作为能源的利用率。

(10) 秸秆的工业应用

**①利用农林废弃物灰烬生产化工原料**。如水玻璃、生物碳。此外，炉灰经浸泡、洗涤、浓缩、结晶，可以制得硫酸钾、氯化钾、碳酸钾等，也可以直接作为钾肥使用。

**②生产可降解的包装材料**。

a．一次性餐具。

湿法生产工艺：麦秸→粉碎（120目)→加入水、黏合剂拌和→轧片→裁剪→冷压成型→烘干→喷涂→快餐盒。

干法生产工艺：秸秆→粉碎（60目)→黏合剂、催化剂、固化剂拌和→热压成型→冷风散热→紫外消毒→包核→快餐盒。

b．缓冲包装材料、瓦楞纸芯、纤维降解膜等。

**③用作建筑装饰材料**。秸秆轻型建材和秸秆人造板。

**④秸秆生产工业原料**。生产酒精、淀粉、饴糖、羧甲基纤维素、木糖醇、糠醛和生物蛋白等。

**⑤秸秆用作食用菌的培养基**。生产工艺：原料处理→培养料配方→建堆发酵→翻堆→灭活→接种→出菇管理→采收。

**⑥秸秆还田技术**。秸秆直接还田可以草养田、以草压草，达到用地养地相结合，培肥地力。还能提高土壤有机质含量；改善土壤理化状况，增加通透性；保存和固定土壤氮素，避免养分流失，归还氮、磷、钾和各种微量元素；促进土壤微生物活动，减少病虫害传播，加速土地养分循环。秸秆还田方式有三种：一是垫厩还田（蚕豆秸秆、玉米秸秆、稻草等作为饲料或垫厩原材料，与牲畜粪尿混合成为厩肥堆沤还田)；二是堆沤还田（作物秸秆与厩肥、人类尿、杂草、土混合堆制成堆沤肥还田)；三是秸秆直接还田，其方式是将作物秸秆切成10～13cm长，耕地时直接翻犁入土，也有将稻草、麦秆草或碾碎的秸秆作为小春作物覆盖，小春收获后翻压作肥料；还有冬水田水稻高桩，经过冬春

季沤泡，耕翻作肥料，也有将烟秆砍碎还田或将烟秆放入秧田沤泡，秧田整理时将烟秆捞出撒秧（播种），既有肥田又有杀虫的效果。

注意：秸秆还田要配合施用氮、磷肥，施氮0.6~0.8kg/100kg；秸秆间接还田有堆沤腐解还田法、烧灰还田法、过腹还田法、菇渣还田法、沼渣还田法等。

**⑦秸秆的其他应用**。造纸工业、秸秆人造丝、无土栽培、编织业等。稻麦秸秆编制草帘、草绳、发展草苫大棚蔬菜。玉米秸秆编制工艺品等不但使稻秆、麦秸变废为宝，也成为农闲时的副业；用以处理废水，采用农业废弃物作为生物吸附剂处理工业废水中重金属离子，不仅具有成本低、效率高、污泥量少、环保价值高和可回收重金属等优点，而且还能更好地实现农业废弃物资源化利用；用于清洁油污地面等。

## 第三节　分类处理技术——畜禽粪便及其他垃圾

目前，我国已成为世界上最大的肉蛋生产国，猪肉、禽肉、鸡蛋产量均位居世界第一。2002年，我国畜禽粪便产生总量约41亿t，是工业固体废弃物产生量的4.1倍，其中1/3产自集约化养殖场，预计2015年将达到60亿t。我国当前主要是末端治理模式，60%的养殖场缺少干湿分离这一最为必要的粪污处理设施。集约化养殖场污染治理设施的建成率不到30%，以致大量的畜禽粪便及冲洗混合物直接排入自然环境。我国80%以上的规模化养殖场没有足够数量配套耕地来消纳其产生的粪便。昔日分散的畜禽废弃物如今已成为巨大的集中污染物来源，年产粪便已数倍于城市居民的粪尿排放总量。这种污染所产生的环境污染问题和影响范围、深刻程度已经远远超过了工业污染和城市扩张的影响。

有专家指出，在21世纪，工业化的现代农业将因产生巨大的、不可逆转的环境影响，而堪与全球气候变化所造成的影响相匹敌。

## 一、畜禽粪便肥料化技术

### 1．堆肥制作法

将畜粪和垫草、秸秆、稻壳等固体有机废弃物按一定的比例堆积起来，调节堆肥物料中的碳、氮比，控制适当水分、温度、氧气与酸碱度，在微生物的作用下，进行生物化学反应而将废弃物中复杂的不稳定的有机成分加以分解，并转化为简单的稳定的有机成分。畜禽粪便堆肥化已实现工厂化，采用方式有卧式转筒式和立式多层式快速堆肥装置，发酵时间1～2周，具有占地少、发酵快、质地优等特点。堆肥技术生产有机肥由于高温堆肥具有耗时短、异味少、有机物分解充分，且较干燥、容易包装，可以制作有机肥等突出优点，目前正成为研究开发处理粪便的热点。但是堆肥法也存在一些问题，处理过程$NH_3$损失较大，不能完全控制臭气。采用发酵仓加上微生物制剂的方法，可以减少$NH_3$的损失并能缩短堆肥时间。随着人们对无公害农产品需求的不断增加和可持续发展的要求，对优质商品有机肥料的需求量也在不断扩大，用畜禽粪便生产无害化生物有机肥具有很大的市场潜力。以鸡粪和农作物秸秆为主要原料，应用多维复合酶菌进行发酵生产而成，多维复合酶菌是由能产生多种酶的耐热性芽孢杆菌群、乳酸菌群、双歧杆菌群、酵母菌群等106种有益微生物组成的微生态发酵制剂，对人畜无毒、无染污、使用安全，能固氮、解磷、解钾，同时分解化学农药以及化肥的残留物质，对种植业和养殖业有增产、优质、抗病的作用，如果再有针对性地配以不同元素，便会形成蔬菜、花卉、果树、粮棉油等各种作物的系列专用肥。

### 2．生物有机肥制作法

生物有机肥是在畜禽粪便中接种微生物复合菌剂（如EM菌剂），利用生化工艺和微生物技术，使有益微生物迅速繁殖、快速分解粪便和秸秆中有机质，将大分子物质变为小分子物质，产生生物热能，堆料温度可升至60～70℃，抑制或杀死病菌、虫卵等有害生物；并在矿质化和腐殖质化过程中，释放出氮磷钾和微量元素等有效养分，吸收、分解恶臭和有害物质。具体工艺流程是：发酵菌剂筛选→提纯→复壮→配伍→接菌→物料混拌→入发酵棚室→机械翻抛→腐熟→烘干粉碎畜禽粪便，经过生物发酵腐熟后，再经热风旋转烘干处理，便成为无害、无臭、无病菌和虫卵的优质生物有机肥。该生物有机肥有改土培肥效果以及提高肥料利用率和保护环境等功能。

### 3．禽畜粪便快速干法

将禽畜粪便渣液通过机械设备分离或脱水后，再经过高温、灭菌、烘干设备后，直接灌装直接用于生产。

优点：处理粪便快速、灭菌彻底，方便运输。

缺点：有害物质无法降解和中和。

### 4．充氧动态发酵法

采用槽式发酵和螺旋式搅拌在国际上属于较先进的粪便发酵技术。

优点：发酵充分、占地面积小，耗能少。

堆肥技术适合于禽畜粪便进行资源再利用，通过各种不同的发酵工艺和设备进行无害化堆肥处理，这也是近几年发达国家处理粪便的常用方法。好氧堆肥仍然是禽畜粪便资源化处理的常用方法。我国的堆肥正在向机械化、规模化、专业化方向发展。国外在堆肥发酵工艺、技术和设备上已日趋完善，基本上达到了规模化和产业化水平。

## 二、粪便饲料化技术

畜禽粪便中含有大量未消化的蛋白质（15.8%~23.5%）、粗纤维（12.7%~16.8%）、维生素$B_{12}$ 17.6μg/g、矿物质元素、粗脂肪和一定数量的碳水化合物。另外，畜禽粪便中氨基酸品种比较齐全，且含量丰富。同时又是一种有害物的潜在来源，有害物质包括病原微生物、化学物质、杀虫剂、有毒金属、药物和激素等。经过加工处理可成为较好的饲料资源，所以，畜禽粪便需经过无害化处理后才可以用作饲料。畜禽粪便有青贮法、干燥法和分解法等加工工艺。

### 1. 干燥法

粪便处理的常用方法，尤其以鸡粪处理用得最多。主要利用热效应和喷放机械，处理效率较高。干燥方法主要有4种：日光自然干燥、高温快速干燥、烘干膨化干燥、机械脱水。

### 2. 青贮法

畜禽粪便青贮饲料是把畜禽粪便单独或与其他青绿饲料（秸秆、蔬菜、糠麸等）采用微生物技术保存饲料中主要营养成分的一类饲料。主要的原理是：利用畜禽粪便和青绿饲料厌氧发酵过程中产生的大量乳酸菌，降低饲料酸碱度，抑制或杀死青贮饲料中的其他微生物繁殖，从而达到保存饲料营养成分的目的。

### 3. 分解法

利用优良品种的蝇、蚯蚓和蜗牛等低等动物分解畜禽粪便，达到既提供动物蛋白质又能处理畜禽粪便的目的。

### 4. 热喷技术

利用热效应和喷放机械，使畜禽粪转变成高蛋白饲料，既除臭又能彻底杀菌灭虫卵，达到商品饲料的要求。

## 三、粪便燃料化技术

利用受控制的厌氧细菌的分解作用，将有机物（碳水化合物、蛋白质和脂肪），经过厌氧消化作用转化为沼气。它将废弃物转变成气体，同时可以利用燃烧产生的热量进行发电。我国畜禽场沼气工程是指以畜禽粪便为主要原料的厌氧消化、制取沼气、治理污染的全套工程设施。沼气工程的发展始于20世纪70年代末期，到目前为止已有近30年的历史。

优点：以畜禽粪便、秸秆等农业废物为原料，经厌氧发酵可以产生甲烷为主要成分的沼气，可作为燃料。沼液可以直接肥田，沼渣可以用来养鱼，形成养殖与种植和渔业紧密结合的物质循环的生态模式。

缺点：投资规模大，受禽畜粪便量限制，受外界温度影响比较大。

### 四、发酵床制作技术

（1）将秸秆粉碎成5cm左右的物料和稻壳及锯末等物料，并按一定比例加入发酵床专用微生物制剂混合。

（2）将混合好的物料按照一定高度放入猪舍并踩实刮平。畜禽在经微生物、酶、矿物元素处理的垫料上生长，粪尿不必清理，粪尿被垫料中的微生物分解、转化为有益物质，对周围环境达到“零污染”的排放效果，同时还可降低猪群疾病发生率，加快生长速度，提高饲养效益。

## 第四节　分类处理技术——农产品加工后废渣

农产品加工业废渣，主要以农副产品为原料的各种加工厂，如淀粉厂、味精厂、果汁加工厂、酒精厂、各种酒厂、食品厂、酿造厂、抗生素厂和屠宰场等生产过程中产生的各种废渣，比如，淀粉废渣、蔗渣、酒糟、葡萄渣、菌体等是造成我国农村污染的因素之一。这些废渣中含有大量蛋白质和纤维素等高有机质成分且营养丰富，废渣大部分无毒，一般可以直接作为家畜的饲料，也可以作为固体发酵产品或单细胞蛋白的生产原料。

农产品加工后的废渣处理技术，一般有以下几种。

**1．农产品加工后的废渣肥料化技术**

堆肥制作法：将淀粉渣、酒糟、蔗渣等固体有机废弃物按一定的比例堆积起来，调节堆肥物料中的碳、氮比，控制适当水分、温度、氧气与酸碱度，在微生物的作用下，进行生物化学反应而将废弃物中复杂的不稳定的有机成分加以分解，并转化为简单的稳定的有机成分。

具体工艺流程：发酵菌剂筛选→提纯→复壮→配伍→接菌→物料混拌→入发酵棚室→机械翻抛→腐熟→烘干→粉碎。

农产品加工后的废渣堆肥化已实现工厂化，采用方式有卧式转筒式和立式多层式快速堆肥装置，发酵时间1～2周，具有占地少、发酵快、质地优等特点。堆肥技术生产有机肥由于高温堆肥具有耗时短、异味少、有机物分解充分，且较干燥，容易包装、可以制作有机肥等突出优点，目前正成为研究开发处理农产品废渣的热点。堆肥法也存在一些问题，处理过程$NH_3$损失较大，不能完全控制臭气，采用发酵仓加上微生物制剂的方法，可以减少$NH_3$的损失并能缩短堆肥时间。随着人们对无公害农产品需求的不断增加和可持续发展的要求，对优质商品有机肥料的需求量也在不断扩大，用农产品加工后废渣生产无害化生物有机肥具有很大市场潜力。以淀粉渣和稻壳粉为主原料，应用多维复合酶菌进行发酵生产而成，多维复合酶菌是由能产生多种酶的耐热性芽孢杆菌群、乳酸菌群、双歧杆菌群、酵母菌群等106种有益微生物组成的微生态发酵制剂，对人畜无毒、无染污、使用安全，能固氮、解磷、解钾，同时分解化学农药以及化肥的残留物质，对种植业和养殖业有增产、优质、抗病的作用，如果再有针对性地配以不同元素，便会形成水稻、玉米、甜菜、马铃薯、粮棉油等各种作物的系列专用肥。

### 2. 农产品加工后的废渣饲料化技术

农产品加工后的废渣中含有大量的蛋白质、粗纤维、维生素、矿物质元素、粗脂肪和一定数量的碳水化合物，其处理的技术有微贮、热喷等处理技术。

（1）微贮技术

微贮是对农作物加工后的废渣机械加工处理后，按比例加入微生物发酵菌剂、辅料及补充水分，并放入密闭设施中，经过一定的发酵过程软化蓬松，转化为质地柔软，湿润膨胀，气味酸香，动物喜食的饲料。

原理：利用微生物将农作物加工后的废渣中的纤维素、半纤维素降解并转化为菌体蛋白。

优点：成本低，适口性好，消化率高，利于工业化生产。

技术要点：复活菌种→配制菌液→混拌物料→装填入窖→水分控制→封窖→开窖。

用微贮技术制备马铃薯薯渣菌体蛋白生物饲料：以马铃薯薯渣、稻壳粉等为原料，将薯渣、稻壳粉置于人工造就的环境中，经过生物化学作用，促使微生物的大量繁殖和活动，合成游离氨基酸和菌体蛋白，从而使薯渣和稻壳粉的混合物转化为富含粗蛋白、脂肪、氨基酸及多种维生素的高效能的饲料。

（2）热喷技术

热喷技术利用热效应和喷放机械，使农产品加工后的废渣转变高蛋白饲料，既除臭又能彻底杀菌，达到商品饲料的要求。

# 第四章 山西博亚方舟生物科技有限公司农业废弃物生物处理技术应用案例

## 第一节 禽畜粪便生物处理的应用案例

### 一、概述

随着我国国民经济的蓬勃发展，畜牧业生产规模的不断扩大和集约化程度的不断提高，畜牧业发展形势越来越好。但随之而来的畜禽粪便的增加和任意排放导致了农业生态环境的恶化和资源退化。农业废弃物污染主要是集约化农业使废弃物大量集中，超过环境消纳能力的结果。按照环保部门的“末端治理”方法，治理效果不佳，要达到排放标准，治理费用很高，农业成本提高，不利于农业的发展。国外的养殖场建设规模已经向中小型发展，并且必须和一定的消纳土地或处理设施相配套才能批准。源头控制就是控制养殖规模。全程治理包括产前的饲料、产中的养殖工艺和方法、产后的粪污处置与处理。提高饲料利用率，改革养殖工艺，减少固体废弃物中氮磷含量，减少污水的产生量、化学需氧量（COD）、生化需氧量（BOD）的排放量。做到既有利于养殖业的发展，又消除粪污对环境的污染。

山西博亚方舟生物科技有限公司是一家致力于微生物应用技术研发和生产力转化的高端技术性企业，属国家重点发展的七大新型战略产业。公司拥有国内领先的微生物应用技术专家和科研团队，掌握着一批国内领先的微生物应用技术。目前拥有四项微生物国家发明专利，其中有畜、禽饲养微生物技术；微生物植物营养技术；对环境构成污染威胁的有机废弃物变废为宝的微生物转化技术；水产品养殖微生物技术，已在全国10多个省、市推广并转化。

## 二、禽畜粪便制作有机肥技术简介

有机肥也叫堆肥，禽畜粪便堆肥加工有机肥料是最常用的有机肥料加工办法。堆肥过程是微生物把大分子有机废弃物分解成无机物和小分子有机物的过程，完成堆肥过程的微生物是需要在发酵物料混拌时添加，堆肥初期细菌和酵母菌占优势，堆肥后期真菌和放线菌占优势。细菌有需氧性的形成孢子的杆菌属，还有革兰氏阴性杆菌（大肠杆菌等）；典型的真菌有曲菌、镰刀菌、青霉菌和酒曲菌等属；放线菌有链丝菌、诺卡氏菌和小单孢子菌等属。用作堆肥的禽畜粪便的化学成分由于这些微生物的活动而发生改变，糖和淀粉最容易被微生物利用，类脂物或脂肪的抗降解作用不大，纤维素和半纤维素有中等的抗降解作用，木质素的抗降解作用最大。也就是说，禽畜粪便堆肥制作成败在于微生物数量，而堆肥的质量在于微生物的种类，选用专业的堆肥发酵剂，是决定有机肥质量、效益的核心技术。堆肥过程中产生的生物热温度可达50～70℃，能杀灭禽畜粪便中的病菌、虫卵和蝇蛆。

### （一）禽畜粪便专业发酵剂简介

山西博亚方舟生物科技有限公司专业禽类粪便发酵剂，经过多年研究、试验而成的最新成果。本品中含有的微生物全部是采用农业部菌种保藏中心严格筛选的丝状真菌、霉菌及酵素菌等10多种微生物通过特殊的发酵工艺复合而成的微生物制剂。本品能够快速分解畜禽类粪便的蛋白质，分解粗纤维能力极强，同时能够达到升温快、除臭效果好。

### （二）作用机理

原理：物料或基质在微生物的作用下进行有氧发酵，在发酵的过程中，粪便中的溶解性有机物透过微生物的细胞壁和细胞膜而为微生物吸收利用，非溶解性的大分子物质由微生物所分泌的细胞酶分解为小分子溶解性物质，再由细胞吸收利用。由此发酵是在有氧的情况下借助微生物繁殖作用而实现的，所以微生物是好氧发酵的关键因素，发酵过程中温度不断的变化，也是由微生物动态变化引起的，其温度变化由三个过程组成，升温阶段、高温阶段、降温或腐熟保温阶段。

特点：起温快，环境温度−20℃以上，48h温度升至55℃以上；除臭快，在充分搅拌均匀后，2～3d即可消除臭味；堆肥高温持久，能杀灭发酵物中的病菌、虫卵、杂草种子；堆肥周期短，10～15d可充分分解畜禽类粪便中产生臭味的有机硫化物、有机氮化物等；堆肥总养分损失少，腐殖质含量高，钾素含量增高明显。

适用对象：猪、鸡、鸭、羊等畜禽类粪便（包括厩肥），食用菌下脚料，城市生活垃圾等。

适用范围：大型有机肥厂、大型养殖厂及农场。

### （三）使用方法

每千克专用发酵剂可处理畜禽粪便2000kg，使用时将1kg专用发酵剂与200kg物料混合均匀，均匀掺入发酵物中。

执行标准：GB 20287−2006

有效成分：有效活菌数≥10亿/g

### （四）禽类粪便制作有机肥工艺流程

国内近几年工厂化加工有机肥料技术发展很快，出现了大量有禽畜粪便加工有机肥工艺，目前在国内应用最多是卧式发酵和条垛式发酵。卧式发酵也叫槽式发酵，各地也有其他的叫法，无论卧式发酵还是条垛式发酵都属于好氧高温发酵。禽畜堆肥加工有机肥的基本要素：水分（含水率）、C/N（碳、氮比）、通气状况（含氧量）、温度、有机物含量、pH及专业发酵剂（微生物）。各种粪便不同，水分不同，通气量不同及pH不同，禽类粪便的成分组成，见表4-1、表4-2。

**表4-1 新鲜畜禽粪便的养分平均含量**

（单位：%）

| 类别 | 水分 | 粗有机物 | N | $P_2O_5$ | $K_2O$ | C/N |
|---|---|---|---|---|---|---|
| 鸡粪 | 52.3 | 23.8 | 1.03 | 0.41 | 0.72 | 14.0 |
| 鸭粪 | 51.1 | 20.0 | 0.71 | 0.36 | 0.55 | 17.9 |
| 鹅粪 | 61.7 | 22.5 | 0.54 | 0.22 | 0.52 | 19.7 |
| 猪粪 | 68.7 | 17.8 | 0.55 | 0.24 | 0.29 | 29.0 |
| 牛粪 | 75.0 | 14.9 | 0.38 | 0.10 | 0.23 | 23.2 |
| 马粪 | 68.5 | 20.9 | 0.44 | 0.13 | 0.38 | 25.6 |
| 羊粪 | 50.7 | 32.2 | 1.01 | 0.22 | 0.53 | 16.6 |

**表4-2 猪粪尿中成分含量**

（单位：%）

| 类别 | 水分 | 有机质 | 氮 | 磷 | 钾 | 钙 |
|---|---|---|---|---|---|---|
| 猪粪 | 82 | 15.0 | 0.56 | 0.40 | 0.44 | 0.09 |
| 猪尿 | 96 | 2.5 | 0.31 | 0.12 | 0.95 | — |

## 1. 卧式好氧高温发酵建设过程与发酵方法

选择远离居民区、水、电、交通方便且地势高的地方建立堆肥场。在场内建设发酵车间，发酵车间的顶为阳光板，屋架要进行防腐防锈处理，车间大小根据发酵规模及发酵槽的大小与多少而定，发酵车间走向在北方寒冷地区一定为东西走向，在南方温暖地区根据地面情况而定。在发酵车间内建发酵槽，先砌两个高1.5m左右、长60～80m的墙，两墙之间的距离6～10m，在墙上铺设导轨，再在导轨上架翻抛机。将畜禽粪便中加入小于0.5cm秸秆、锯末等有机质和专业发酵菌剂，按比例混合并调解物料水分50%～60%，充分混拌均匀后用进料车直接送入发酵车间，然后定期使用卧式移动翻抛机对物料进行翻抛搅拌。发酵槽的一端为腐熟物料出口，另一端是发酵原料的入口，与原料堆积场相接；发酵槽可为若干个，平行布置，在各发酵槽的端部横向装有导轨，通过导轨翻抛机可以在不同发酵槽间转换；各种发酵原料从车间进料口一端进去，从发酵车间的出料口一端出来，就发酵腐熟成有机肥料。卧式发酵的核心设备是翻抛机，各地开发出各种类型的翻抛机，翻抛搅拌形式有旋耕机式、螺旋式、链轨式等设备。

**2. 卧式发酵工艺特点**

卧式发酵工艺使进料、配料、搅拌和通气四道工序在翻抛过程中一次完成，简化了工艺流程，实现了工业化连续生产。通过阳光板采温，减少了产品烘干的工序，降低了能耗，并减少了由于烘干过程产生的废气污染；设备造价低，操作简单，维修方便；生产运行成本低。

**3. 禽类粪便处理技术应用单位**

（1）蛋鸡养殖公司环保综合治理项目情况介绍

盂县汇荣养殖有限公司地处盂县南娄镇观音堂村，主要从事蛋鸡养殖项目，每年产生鸡烘共11800t，不能进行有效地环保治理，冲洗鸡粪以及恶臭造成环境污染，且造成资源的大浪费。为此公司对鸡粪便进行环保综合治理，并利用该项目生产有机肥。

（2）项目名称

年产5万t有机生物肥生产基地建设项目。

（3）承办单位情况

单位全称：盂县汇荣养殖有限公司

项目地址：盂县南娄镇观音堂村

法定代表人：荣哲恩

## 三、禽畜粪便制作有机无机微生物复合肥的应用案例

### （一）有机无机微生物肥技术简介

本微生物技术是博亚方舟生物科技有限公司微生物

专业团队多年研究、试验而成的最新成果，获国家专利（201010540192.7）。无机有机生物肥是一种集无机、有机、微生物肥的优点复合而成的新型肥料，其中微生物全部是采用农业部菌种保藏中心严格筛选的固氮菌、根瘤菌、磷细菌、钾细菌、枯草菌、侧孢菌等20多种微生物通过特殊的发酵工艺复合而成的微生物制剂；有机物部分是利用大量的畜禽粪便、各类秸秆、各种糟渣、食用菌棒、城市污水污泥等有机废弃物，通过10多种微生物充分发酵后，作为一种丰富的有机质；在加入一定量作物生长必需的大分子无机营养元素（氮、磷、钾等）及微量元素（铜、铁、锰、锌、硒、钙、硼等）复合成为三位一体的无机有机微生物复合肥。

## （二）无机有机微生物复合肥特点

①能为植物生长全面提供所需营养元素，不仅能够促进作物根系生长，提高作物的产量，预防病害，提高作物的抗病、抗逆性，减少农药、杀菌剂的使用量，而且完全替代化肥施用降低种植成本，有效减少无机肥料的污染，提高农产品品质。

②利用专业菌种发酵的有机质能够改善土壤物理性状，改变土壤团粒结构使土壤疏松，从而改良因过量施用化肥而板结的耕地，补充土壤多年耕种而流失的有机质，遏制土壤退化，有利于保水、保肥、透气，促进农业生态环境良性发展。

③在温度高、湿度大的地区，农作物的各种病害很易发生。无机有机微生物复合肥里的放线、枯草、侧孢等生物菌群的大量繁殖，产生的抗生素及酶可预防各种土传病害及虫害，减少农药、杀菌剂的使用量，提高农产品品质。

④无机有机微生物复合肥中的各种营养元素（无机、有机）包括微生物菌群中的固氮根瘤菌、磷细菌、钾细菌等的繁殖不断为各种农作物提供必要和足量的N、P、K等养分。在全国各种作物实践应用证明：大豆、玉米、高粱、谷子的增产幅

度分别在5%、10%、10%、20%左右，小麦、水稻增产幅度在18%～20%，果树、烟茶类增产幅度在15%～30%，瓜菜类增产30%～40%，真正降低产投比。

⑤无机有机微生物能改良盐碱地，对沙性土壤的使用有很好的效果。沙性土壤是漏水、漏肥的地块，无论使用何种化肥效果都不明显。无机有机微生物复合肥利用微生物活性把作物所需的无机营养元素（氮、磷、钾、生长素等）固定在作物根部，雨水无法冲刷流失，因此是沙性土壤中使用的最理想肥源。

⑥利用多种微生物的特性和活性分解锄草剂、杀虫剂、化学肥料等有害化合物的残留，防止这些残留化合物在农产品里蓄积，保护人类健康。由于长期施用过量的化肥，农产品中硝酸盐的富集积累可严重危害食用者的健康，导致癌病出现。施用无机有机微生物复合肥，能减少人体对硝酸盐的摄入量，减少癌症发病率。

无机有机微生物复合肥可保持生态平衡，是一种高效无毒、无污染、无公害的新型绿色环保肥源。无机有机微生物复合肥价格低廉，长期使用可以建立起土壤的良性循环功能体系，有利于农业的可持续发展，在农业生产中有着极为重要的作用。

### （三）有机无机微生物肥技术原理和进步性及先进性

有机肥是微生物生活的能源，增效剂是供给微生物生育不可缺少的特殊营养元素，二者配合能促进微生物生命活动与繁殖，进而促进有机肥的分解，产生大量二氧化碳和有机酸，有助于土壤中难溶性磷、钾元素的溶解，供给作物吸收，可提高土地的潜在肥力。二氧化碳能增加作物的碳素营养，提高光合作用效率。微生物生命短暂，死亡后即分解释放出养分，供作物利用。促进剂可以加速有机物的肥料产业化进程，使有机物中难分解的木质素、丹宁等生成相应的可溶性营养成分，从而提高微生物对多糖类的活性。而由有机物发酵得到的微生物菌体蛋白质，又是分解有机质的微生物所需要的极好营养素，如此作用则能进一步促进土壤和植物根圈微生物的增殖，形成植物根际优势菌，可有效地抑制和减少有害病菌的繁殖机会，起到了减轻和拮抗病原菌的作用。由于施用此肥后，土壤疏松，根系发达，可增强作物的营养吸收能力和植株长势，同时也增强了作物的抗病性。使营养、促生、生物防治紧密结合，为植物茁壮生长创造了良好的生态环境。

有机无机生物复合肥是利用科学方法从菌种培育、提纯、复壮、更新、基因重组，到与不同菌种的有效复合，运用土壤微生物技术、根瘤菌、自生固氮菌、联合固氮菌、解磷解钾微生物，这些微生物能提供农作物必需的三要素、中量元素和微量元素。它的作用机制是利用微生物在土壤有机质中繁殖与分解，将自然界（空气和土壤）中的氮固定下来为作物利用，将土壤中不溶性的磷、钾等元素分解为可溶性磷、钾元素为作物吸收，并通过有益微生物在土壤中大量繁殖达到抑制土壤中有害的土壤病原菌的生长传播，进而保证作物的健康生长。

有机无机微生物复合肥的技术难点和科技进步点，主要是在土壤微生物菌种的复配机理方面，在活性菌与有机物、无机物吸附载体的亲和性方面，在生产工艺设计和科学配方等方面有了突破性进展。

①采用现代生物工程技术实行多菌株复合接种，将根际固氮菌、根瘤菌、磷细菌、钾细菌、放线菌等多种对土壤有益微生物，发酵制成菌和菌复合剂。采用这种复合接种技术，经发酵工程培养出的生物菌剂，含菌量高，固氮活性强，与土壤结合后通过大量微生物的活动，自然形成了一个微团聚体，成为大分子状态存留在土壤中不易挥发。尤其是雨季和作物灌溉过程也不易流失。该生物复合菌肥有强化土壤生态系统的养分转化及养分平衡供应的作用，肥力稳定持久，长年施用效果更好。

②在保持有益微生物自身营养的前提下，选择了不同原料作生物菌肥的吸附载体，做到了活性菌与吸附载体的有机结合。

③在配方科学性研究上，根据我国农业生产的实际需要和南北方作物、土壤条件，采用了生化互补营养全面，使生物肥料产品多样化、系列化，多方位供应农、林、牧业的需要。

## （四）有机无机生物复合肥生产工艺

有机无机微生物复合肥的生产工艺主要是将具有特殊功能的微生物和它的有效代谢产物用载体吸附后，再加入通过粉碎的有机无机物质、作物必需的中微量元素和特效添加物质复配而成。

### 1．主要原材料

生产生物有机复合肥料需选择不同原料作为吸附载体。

（1）腐殖酸型

载体用草炭、褐煤、风化煤、淤泥等作原料。

（2）有机肥源型

载体多用鸡、鸭、鹅家禽粪及猪羊牛粪作原料。

（3）资源再利用型

载体用城市垃圾、工业下角料及污水处理残留物、醋糟作原料等。

### 2．有机无机微生物复合肥产品标准

技术参数：粉状、膏体、颗粒复合微生物肥料，有效活菌数亿/g≥0.20，杂菌率≤30%，总养分$(N+P_2O_5+K_2O)\%\geq35.0$，有机质≥15.0。

### 3．主要技术工艺流程

技术中心实验室（菌种培养）是企业产品安全的第一道防线，是高科技产品研发平台，也是企业产业化发展的技术核心。

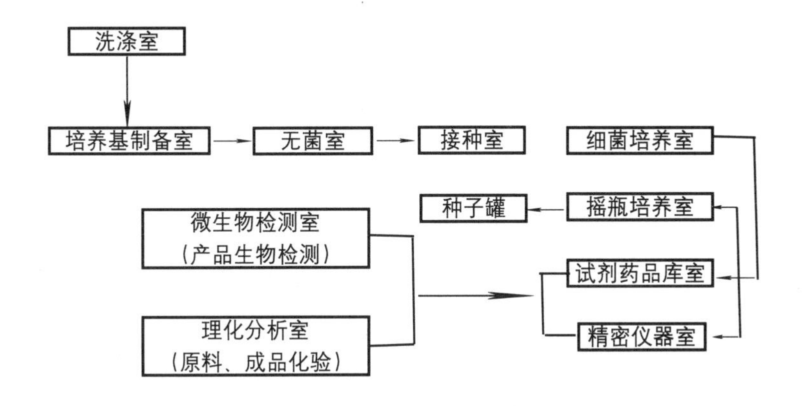


**中心实验室工作流程**

菌液、菌剂和颗粒生产线生产工艺说明：

（1）菌液生产线

生产需要7个菌种，分别来自中心实验室，经摇瓶培养后分别接入6个一级种罐和1个益生菌一级种罐，经二级扩大种罐深层培养，成熟后接入发酵设备完成培养，待培养完成后通过管道输送至菌液贮罐，经检测合格后，计量装灌即成液剂产品。

（2）菌剂生产线

菌液培养完成后部分菌液通过管道输入固剂生产车间，混入载体和粉剂后，经粉碎、烘干后得到菌剂产品。

（3）颗粒生产线

菌液培养完成后部分菌液通过管道输入固剂生产车间，混入载体，经斗式提升、分层造粒、颗粒输送、中低温成品烘干、分筛、计量、装袋后得到颗粒成品。

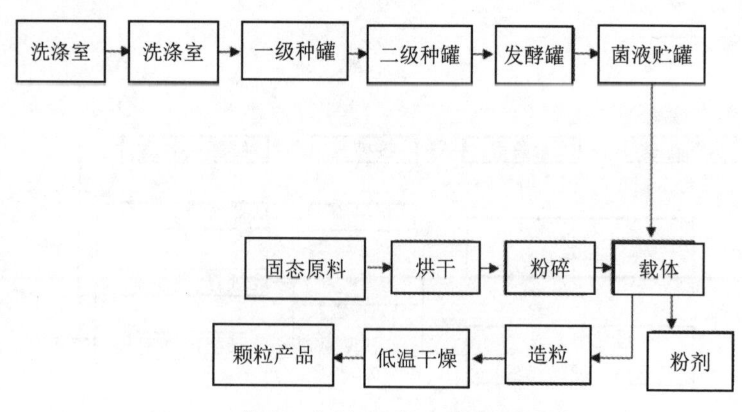


**菌液、菌剂和颗粒生产线工艺流程**

## 四、有机无机微生物肥技术应用转化企业

山西晨雨晋中肥业有限公司(图4-1)，是一家以生物有机肥、有机无机微生物肥［国家专利（201010540192.7)］、配方肥（调控肥）为主导产品的高科技民营农资企业，是山西省农业厅授予的“山西省测土配方施肥配方肥生产指定企业”。农业部确定的“农企业合作推广配方肥”定点生产企业。

公司创建于2003年，企业技术力量雄厚，生产工艺先进，检测手段齐全。目前有在职员工200人，其中硕士以上学历6人，相关专业本科生60人；具有中高级职称专业技术人员22人，占职工总人数的11%。

公司位于晋中经济技术开发区，占地130亩，拥有年产40万t的生物有机肥、“晨雨”牌配方肥（调控肥)、有机无机微生物复合肥的规模，初步形成“晨雨肥料产业科技工业园”，为配方肥销售奠定了坚实的基础。

图4–1 山西晨雨晋中肥业有限公司肥料生产车间

# 第二节 农作物秸秆生物处理的应用案例

## 一、概述

随着我国集约化农业和加工业的迅速发展，大量农业和加工业的固体有机废弃物被浪费掉，如水稻、小麦、玉米、油菜等作物秸秆就地焚烧、这不仅严重污染了环境，也极大地浪费了有机肥产品的原料。同时造成大量的养分资源（C、N、P、K、S及微量元素）流失于土壤和植物系统之外，明显地削弱了我国农业可持续发展的能力。自20世纪90年代中期以来，露天焚烧作物秸秆已成为我国广大农村生态环境所面临的严峻问题，并波及城乡居民的生活环境。进入21世纪之后，问题更加突出。农作物秸秆的成分及组成见表4-3、表4-4。

4-3 不同作物秸秆的主要化学成分

（单位：%）

|  | 干物质 | 灰分(DM) | 粗蛋白(DM) | 纤维成分(DM) |  |  |  |
|---|---|---|---|---|---|---|---|
|  |  |  |  | 粗纤维 | 纤维素 | 半纤维素 | 木质素 |
| 玉米秸 | 96.1 | 7.0 | 9.3 | 29.3 | 32.9 | 32.5 | 4.6 |
| 稻草 | 95.0 | 19.4 | 3.2 | 35.1 | 39.6 | 34.3 | 6.3 |
| 小麦秸 | 91.0 | 6.4 | 2.6 | 43.6 | 43.2 | 22.4 | 9.5 |
| 大麦秸 | 89.4 | 6.4 | 2.9 | 41.6 | 40.7 | 23.8 | 8.0 |
| 燕麦秸 | 89.2 | 4.4 | 4.1 | 41.0 | 44.0 | 25.2 | 11.2 |
| 高粱秸 | 93.5 | 6.0 | 3.4 | 41.8 | 42.2 | 31.6 | 7.6 |

表4-4 稻草不同部位的化学成分和有机物体外消化率(IVOMD)

（单位：%）

|  | 节间茎秆 |  | 叶鞘 |  | 叶片 |  |
|---|---|---|---|---|---|---|
|  | 平均 | 范围 | 平均 | 范围 | 平均 | 范围 |
| 粗蛋白（DM) | 2.7 | 1.7～6.4 | 3.5 | 2.0～6.9 | 4.6 | 3.2～8.6 |
| 总灰分（DM) | 15 | 11～20 | 20 | 14～25 | 18 | 12～25 |
| 剩余灰分(DM) | 8 | 6～13 | 14 | 6～20 | 14 | 8～20 |
| NDF(DM) | 81 | 77～85 | 82 | 77～86 | 76 | 71～81 |
| ADF(DM) | 60 | 55～64 | 57 | 54～62 | 51 | 47～56 |
| 纤维素（DM) | 47 | 38～51 | 39 | 33～49 | 31 | 27～35 |
| 半纤维素(DM) | 21 | 13～28 | 25 | 21～31 | 25 | 20～29 |
| 木质素（DM) | 5 | 4～6 | 4 | 4～6 | 6 | 4～8 |
| IVOMD | 42 | 34～54 | 45 | 39～55 | 44 | 31～59 |

## 二、农作物秸秆肥料化处理技术、工艺简介

### （一）作用原理

秸秆分解是在微生物活动下，粗有机物分解成为小分子有机物或无机物的过程。秸秆的基本成分是纤维素、半纤维素和木质素。由于各个部分在结构上的差异性，参与其分解的微生物在分

解的各阶段有所不同。博亚方舟生物科技有限公司研发的专业的发酵剂以霉菌、丝状真菌、芽孢菌、非芽孢菌为主的微生物共同作用下，主要分解水溶性物质、淀粉、蛋白质、果胶类物质、纤维素、木质素、单宁、蜡质等。

秸秆分解是一个以微生物活动为主的过程，向秸秆中加入现代生物技术研制专业发酵菌剂，作为秸秆发酵分解的主体，促进分解作物秸秆优势微生物种群的快速形成。

要堆制出优质的有机肥，必须控制与调节秸秆分解过程中微生物活动所需要的条件，重点掌握好以下几个因素：

水分在秸秆分解过程中起到多方面作用。首先，水分是微生物生存的必要前提；其次，秸秆吸水软化后，有机质易于被分解；最后，通过水来调节秸秆堆肥中的通气情况。秸秆堆肥中适宜的水分含量应为堆肥原料湿重的55%～65%。

通气状况直接影响秸秆分解过程中微生物的活动。秸秆分解前期，主要是以好气性微生物的矿质化过程为主，通气状况应好；后期以嫌气性生物合成腐殖质为主，通气量可减少，以利于合成腐殖质，保存养分。

秸秆分解合适的温度为35℃，通常施用高温纤维素分解菌以利于升温，控制秸秆堆的大小以利保温，控制水分和通气状况来调节温度。

碳氮比，微生物体生长需要一定的碳氮比，一般为5∶1，微生物同化1份氮平均需要4份碳被氧化所提供的能量，因此秸秆堆肥中的碳氮比以25∶1为宜。

酸碱度中性或弱碱是微生物活动的适宜条件，秸秆分解过程中产生大量的有机酸，不利于微生物活动，可加人少量石灰或草木灰调节秸秆堆肥的酸度。

### （二）秸秆堆肥发酵方法

北方干旱地区多利用秸秆堆制有机肥，根据堆制温度的高低，堆制有机肥通常分普通堆肥和高温堆肥两种方式。传统利用秸秆堆腐有机肥料办法费工费时，博亚方舟生物科技有限公司应用现代生物工程总结出利用秸秆生产有机肥料技术。向秸秆中加入现代生物技术研制的微生物发酵菌剂，作为秸秆发酵分解的主体，促进分解作物秸秆优势微生物种群的快速形成。采用工程、机械措施为微生物活动提供所需的温度、空气等发酵条件。加入其他原料，调节发酵物料的碳氮比、水分、空气等发酵条件。通过新加工工艺、新设备减少加工有机肥料的劳动强度。

利用现代技术的发酵秸秆堆肥的方法，一般包括场地建设、设备配置、原料配方、发酵过程控制等环节，其操作方法与过程如下。

在选择远离居民区、水、电、交通方便且地势高宽敞的水泥地面建设秸秆发酵车间。发酵车间的顶为阳光板，屋架要进行防腐防锈处理，车间大小根据发酵规模及发酵槽的大小与多少而定，发酵车间走向在北方寒冷地区一定为东西走向，在南方温暖地区根据地面情况而定。

秸秆发酵时首先要把秸秆粉碎成5cm大小，然后再加入调节碳氮比的畜禽粪便或氮肥并按照比例撒上博亚方舟专业发酵菌剂（1kg发酵剂处理2000kg秸秆）、混拌均匀时注意调解混拌物料的水分，水分要求在50%～60%，混拌好的物料在合适的位置起发酵堆，发酵堆的高度、宽度、长度是按照翻堆机（翻抛机）的实际尺寸而定。

一般高度不低于1～1.2m，宽度不超过3m，长度不限。当发酵温度超过50℃时，使用翻堆机翻堆，改善通气状况、加速腐熟的进度。一般夏季发酵完成时间为7～10d，冬季发酵因外部环境等多种因素影响，正常的发酵完成时间为10～20d。

### （三）秸秆肥料技术转化单位

地址：河南焦作市修武县

技术使用人：蒋炬忠

规模：100t

发酵物料：玉米秸秆混拌禽畜粪便

博亚方舟专业发酵剂使用比例：1kg发酵剂处理2000kg发酵物料

发酵时间：7月16日开始发酵，7月23日完成

## 三、农作物秸秆的生物饲料化处理

随着社会的发展和进步，人们生活水平的日益提高，对肉、蛋、奶的需求量与日俱增。这就对养殖业提出了更高的要求，尤其对于中国这个地少人多的国家，“人畜争粮”的矛盾显得尤为明显。人们通过长期的探索和实践发现，农作物秸秆通过微生物处理制成生物饲料将是解决这个问题的最有效的途径之一。

### 1. 各种农作物秸秆的主要成分及其具体含量（表4–5）

表4–5 不同作物秸秆的主要化学成分

（单位：%）

| | 干物质 | 灰分(DM) | 粗蛋白(DM) | 纤维成分(DM) | | | |
|---|---|---|---|---|---|---|---|
| | | | | 粗纤维 | 纤维素 | 半纤维素 | 木质素 |
| 玉米秸 | 96.1 | 7.0 | 9.3 | 29.3 | 32.9 | 32.5 | 4.6 |
| 稻草 | 95.0 | 19.4 | 3.2 | 35.1 | 39.6 | 34.3 | 6.3 |
| 小麦秸 | 91.0 | 6.4 | 2.6 | 43.6 | 43.2 | 22.4 | 9.5 |
| 大麦秸 | 89.4 | 6.4 | 2.9 | 41.6 | 40.7 | 23.8 | 8.0 |
| 燕麦秸 | 89.2 | 4.4 | 4.1 | 41.0 | 44.0 | 25.2 | 11.2 |
| 高粱秸 | 93.5 | 6.0 | 3.4 | 41.8 | 42.2 | 31.6 | 7.6 |

（1）纤维类物质

纤维类物质包括粗纤维、纤维素、半纤维素及木质素，主要集中于细胞壁，其在细胞壁含量占70%以上，由纤维素、半纤维素、木质素组成；酸性洗涤纤维由纤维素和木质素组成。纤维

素、半纤维素可在牛羊的瘤胃中被纤维分解菌酸解，生成挥发性脂肪酸，如乙酸、丙酸、丁酸等，被牛羊吸收作为能源利用。瘤胃中细菌不能分解木质素。秸秆中纤维素、半纤维素和木质素紧密地结合在一起，使秸秆的消化率受到影响。秸秆成熟得越老，粗纤维含量越高、木质化程度越高，这时植物细胞木质化的程度很高，一般在31%～45%，这就导致秸秆的消化性越差。纤维类物质的有机物消化率低，一般牛、羊很少超过50%，饲料消化能在7.775～10.450MJ／kg，具体数据详见表4-6所示。

**表4-6 各种秸秆的营养成分(全干基础)**

| 秸秆名称 | 每千克干物质消化能（MJ） | | 每千克干物质可消化蛋白质的量（g） | 其他成分含量比例（%） | | | | |
|---|---|---|---|---|---|---|---|---|
| | 牛 | 猪 | | 粗纤维 | 木质素 | 灰分 | 钙 | 磷 |
| 稻草 | 8.318 | 5.058 | 2.0 | 35.10 | — | 17.0 | 0.21 | 0.08 |
| 小麦秸 | 8.987 | — | 5.0 | 43.60 | 12.80 | 7.20 | 0.16 | 0.08 |
| 大麦秸 | 8.109 | 2.332 | 5.0 | 41.60 | 9.30 | 6.90 | 0.35 | 0.10 |
| 燕麦秸 | 9.698 | — | 4.0 | 49.00 | 14.60 | 7.60 | 0.27 | 0.10 |
| 玉米秸 | 10.617 | 2.161 | 23.0 | 34.00 | — | 6.90 | 0.60 | 0.10 |
| 粟谷秸 | 8.318 | — | 6.0 | 41.70 | — | 6.10 | 0.09 | — |
| 大豆秸 | 7.774 | 3.912 | 14.0 | 44.30 | — | 6.40 | 1.59 | 0.06 |
| 豌豆秸 | 10.408 | 2.776 | 47.0 | 39.50 | — | 6.50 | — | — |
| 蚕豆秸 | 8.151 | 2.303 | 55.0 | 41.50 | — | 8.70 | — | — |

（2） 蛋白质

蛋白质含量很低，一般为3%～6%，只能满足维持需要的65%左右。成熟阶段的植物，其营养已转移到其籽实中，茎秆中有效营养成分很低，所以，蛋白质含量也很低。一般豆科为8.9%～9.6%，禾本科在4.2%～6.3%，豆科比禾本科稍好，但总的来看，可消化蛋白质都很低。一般秸秆的消化率都很低，如干物质消化率稻草为40%～50%，小麦秸为45%～50%，玉米秸为47%～51%。

（3）粗灰分

粗灰分含量很高，但其中大量是矽酸盐，对动物有营养意义的矿物元素很少。矿物质和维生素含量都很低，特别是钙、磷含量很低，含磷量变动在0.02%～0.16%，而牛日粮配合所需的含磷量都在0.2%以上，远低于动物的需要量（表4-7）。

**表4-7 农作物秸秆中的矿物元素和维生素含量**
**（体重350kg、日增重800g肉牛的需要量）**

| 成分 | 稻草 | 小麦秸 | 大麦秸 | 玉米芯 | 苜蓿草 | 需要量 |
|---|---|---|---|---|---|---|
| 钙（%） | 0.08 | 0.18 | 0.15 | 0.38 | 1.25 | 0.40 |
| 磷（%） | 0.06 | 0.05 | 0.02 | 0.31 | 0.31 | 0.23 |
| 钠（%） | 0.02 | 0.14 | 0.11 | 0.03 | 0.04 | 0.08 |
| 氯（%） | — | 0.32 | 0.67 | — | 0.34 | — |
| 镁（%） | 0.40 | 0.12 | 0.34 | 0.31 | 0.28 | 0.10 |
| 钾（%） | — | 1.42 | 0.31 | 1.54 | 3.41 | 0.65 |
| 硫（%） | — | 0.19 | 0.17 | 0.11 | 0.31 | 0.10 |
| 铁（mg／kg） | 300.00 | 200.00 | 300.00 | 210.00 | 227.00 | 50.00 |
| 铜（mg／kg） | 4.10 | 3.10 | 3.90 | 6.60 | 9.00 | 8.00 |
| 锌（mg／kg） | 47.00 | 54.00 | 60.00 | — | 27.00 | 30.00 |
| 锰（mg／kg） | 476.00 | 36.00 | 27.00 | 5.60 | 34.00 | 40.00 |
| 钴（mg／kg） | 0.65 | 0.08 | 0.26 | — | 0.09 | 0.10 |
| 碘（mg／kg） | — | — | — | — | — | 0.50 |
| 硒（mg/kg） | — | — | — | 0.08 | — | 0.10 |
| 胡萝卜素（mg／kg） | — | 2.00 | 2.00 | 1.00 | 202.00 | 5.50 |

各种秸秆间的成分与消化率是有所差别的，例如玉米秸与小麦秸相比，前者较好，后者较差。高粱秆与玉米秸成分接近，但高粱秆的粗蛋白质含量、磷含量及干物质消化率都较高。燕麦秸和大麦秸的饲养价值介于玉米秸与小麦秸之间，而稻草与小麦秸的饲用价值不相上下。稻草消化率受硅酸盐含量影响大，大豆秸、收籽后的苜蓿秸木质素含量高，因而饲用价值低。

另外，秸秆中各部位的成分与消化率是不同的，甚至差别很大。表4-8是从24个品种的稻草分析中得到的不同形态部位的化学成分和有机物体外消化率，节间茎秆部分的粗蛋白含量较低，纤维素和灰分含量最高，而消化率最低。其他秸秆的不同部位成分组成与稻草有所差别，一般叶片的灰分和纤维含量较低，消化率则远高于节间茎秆部分。玉米秸各部位的干物质消化率茎为53.8%，叶为56.7%，芯为55.8%，苞叶为66.5%，全株为56.6%。另有报道认为，玉米干物质消化率茎叶为59%，苞叶为68%，芯为37%；小麦叶为70%，节为53%，麦壳为42%，茎为40%。

**表4-8 稻草不同部位的化学成分和有机物体外消化率（IVOMD）**

（单位：%）

| | 节间茎秆 | | 叶鞘 | | 叶片 | |
|---|---|---|---|---|---|---|
| | 平均 | 范围 | 平均 | 范围 | 平均 | 范围 |
| 粗蛋白（DM） | 2.7 | 1.7～6.4 | 3.5 | 2.0～6.9 | 4.6 | 3.2～8.6 |
| 总灰分（DM） | 15 | 11～20 | 20 | 14～25 | 18 | 12～25 |
| 剩余灰分(DM) | 8 | 6～13 | 14 | 6～20 | 14 | 8～20 |
| NDF(DM) | 81 | 77～85 | 82 | 77～86 | 76 | 71～81 |
| ADF(DM) | 60 | 55～64 | 57 | 54～62 | 51 | 47～56 |
| 纤维素（DM） | 47 | 38～51 | 39 | 33～49 | 31 | 27～35 |
| 半纤维素(DM) | 21 | 13～28 | 25 | 21～31 | 25 | 20～29 |
| 木质素（DM） | 5 | 4～6 | 4 | 4～6 | 6 | 4～8 |
| IVOMD | 42 | 34～54 | 45 | 39～55 | 44 | 31～59 |

## 2．运用微生物处理农作物秸秆制成生物饲料

生物饲料是指以饲料和饲料添加剂为对象，以基因工程、蛋白质工程、发酵工程等生物技术为手段，利用微生物发酵工程开发的新型饲料资源和饲料添加剂，主要包括饲料酶制剂、抗菌蛋白、天然植物提取物等。它是以微生物、复合酶为生物饲料发酵剂菌种，将饲料原料转化为微生物菌体蛋白、生物活性小肽类氨基酸、微生物活性益生菌、复合酶制剂为一体的生物发酵饲料。

生物饲料是在微生态理论指导下采用已知有益的微生物与饲料混合经发酵、干燥等特殊工艺制成的含活性益生菌的安全、无污染、无残留的优质饲料。生物饲料是经过某些特殊的微生物发酵过的饲料。而这些微生物能够产生消化酶、有机酸、抑菌素、B族维生素、氨基酸等物质，通过对饲料的发酵，也就能产生有益物质，相当于消化器官的延长和消化时间的增加。

目前，国内应用较广的方法是采用微贮技术制作秸秆生物饲料。

秸秆微贮是对农作物秸秆机械加工处理后，按比例加入微生物发酵菌剂、辅料及补充水分，并放入密闭设施中，经过一定的发酵过程，转化为质地柔软，湿润膨胀，气味酸香，动物喜食的饲料。

在人为的可控制的条件下，以植物性农副产品（以秸秆为主要代表）为主要原料，通过微生物的代谢作用，降解部分纤维素与半纤维素、多糖、蛋白质和脂肪等大分子物质，生成有机酸、可溶性多肽等小分子物质，形成营养丰富、适口性好、有益活菌含量高的生物饲料或饲料原料，从而使饲料成分变得丰富、营养易于动物吸收，使动物更好的成长。同时将廉价的农业副产物——秸秆变废为宝，生产出高质量的饲料蛋白原料，并且还可以通过微生物发酵饲料获得高活性的有益微生物。

（1）秸秆生物饲料的生产工艺

主要分菌种制备和秸秆发酵两大步。

菌种制备的方法，主要有液体发酵和固体发酵两种。确定采用哪种生产方法，要根据所要生产的菌种的生长特性决定。

秸秆发酵主要包括秸秆前处理、接入菌种和固体发酵等步骤，其中关键环节是固体发酵。根据不同的发酵规模，确定所采用的设备和方法，一般有袋式固体发酵和池式固体发酵。小型规模的秸秆生物饲料加工企业一般采用袋式固体发酵，其特点是：投资少、便于操作及损失率小等。而大中型秸秆生物饲料加工企业采用池式固体发酵，其特点是：生产效率高、易实现自动化生产。

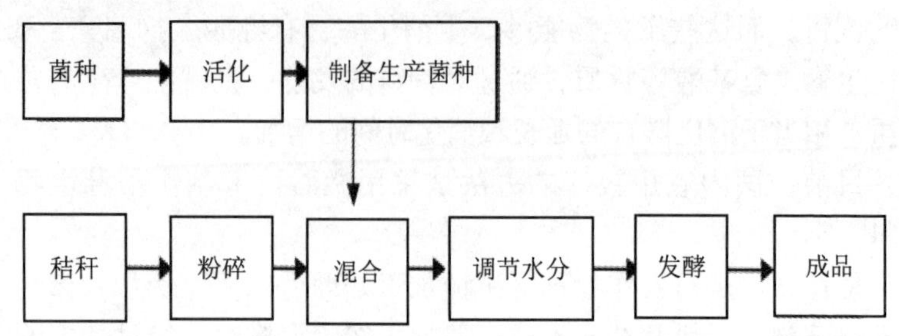


**工艺流程图（以山西博亚方舟生物科技有限公司的生产工艺为例）**

（2）秸秆生物饲料的优点

秸秆生物饲料与常规的饲料相比有很多优点，相对于常规饲料经发酵后的饲料其营养成分更丰富，常规饲料中大分子物质较多，小分子物质较少，发酵饲料经微生物发酵，将蛋白质、脂肪等大分子的物质经降解分解为有机酸、可溶性多肽等小分子物质，更适合动物的吸收；发酵饲料有发酵香味，适口性好，牲畜爱吃；发酵饲料中还含有多种有益活菌对牲畜的肠道有促进吸收消化的作用，而常规饲料中没有。

其主要的特点和功效有：

**①适口性好。**秸秆经微生物发酵后，质地变得柔软，并具酸香酒气味，适口性明显提高，增强了家畜食欲。与未经过处理的秸秆相比，一般采食速度可提高43%，采食量可增加20%以上。

**②营养价值和消化率高。**在微贮过程中，经秸秆微贮作用后，秸秆中的纤维素和木质素部分被降解，同时纤维素木质素的复合结构被打破。这样，瘤胃微生物能够与秸秆纤维充分接触，促进了瘤胃微生物的活动，从而增加了瘤胃微生物蛋白和挥发性脂肪酸的合成量，提高了秸秆的营养价值和消化率，使秸秆变成

了牛、羊的优质饲料，促进牛、羊增重。生产实践表明，3kg微贮秸秆相当于1kg玉米的营养价值。通过微贮，麦秸的消化率可提高55.6%，水稻秸秆的消化率可提高57.9%，玉米秸秆的消化率可提高61.2%。用微贮秸秆饲喂牛、羊和未处理秸秆相比，可使其日增重提高30%以上。

**③成本低廉**。只需15g益富源菌种，就可以处理2000kg秸秆，而氨化同样多的秸秆则需用尿素40～50kg，两者的处理效果基本相同。但微贮秸秆可比尿素氨化降低成本80%左右，其使用安全性能也比氨化法高。

**④操作简便**。秸秆微贮与青贮、氨化相比，更简单易学。只要把益富源菌种活化后，放到1%的盐水中，然后均匀地喷洒在秸秆上，在一定的温度和湿度下，压实封严，在密闭厌氧条件下，就可以制作优质微贮秸秆饲料。微贮饲料安全可靠，微贮饲料菌种均对人、畜无害，不论饲料中有无微生物存在，均不会对动物产生毒害作用，可以长期饲喂，用微贮秸秆饲料作牛、羊的基础饲料可随取随喂，不需晾晒，也不需加水，很方便。

**⑤贮存期长**。益富源菌种发酵处理秸秆的温度为10～40℃且无论青的或干的秸秆都能发酵。因此，我国南方部分地区全年都可以制作秸秆微贮饲料。益富源秸秆发酵剂，可利用秸秆中的碳水化合物迅速发酵，繁殖快，成酸作用强，具有很好的抗腐败防霉能力。秸秆经微贮发酵后，能够形成大量的有机酸，这些有机酸具有很强的杀菌抑菌能力，故发酵的微贮秸秆饲料不易发生霉变，可以长期保存。

## 四、生物发酵床简介

### （一）简介

发酵床养殖法不同于一般的传统养殖，粪便、尿液可长期留存圈舍内，不向外排放，不向周围流淌，整个养殖期不需要清除粪便，可采取在畜禽出栏后一次性清除粪便，这样做不会影响畜禽的发育。因为在饲料和垫料中添加了微生物菌种，这样有利于饲料中蛋白质的分解和转化，降低粪便的臭味；同时在垫料发酵床内，垫料、粪尿、残饲料是微生物源源不断的营养食物，被不断分解，所以床内见不到粪便垃圾臭哄哄的景象。整个发酵床内，畜禽与垫料、粪尿、残饲料、微生物等形成一个“生态链”，发酵床就像一个生态工厂，它总在不停地流水作业，垫料、粪尿、残饲料等有机物通过发酵床菌种这个“中枢”在循环转化，微生物在“吃”垫料、粪尿、残饲料，畜禽在“吃”微生物（包括各种真菌菌丝、菌体蛋白质、功能微生物的代谢产物、发酵分解出来的微量元素等等），整个圈舍无废料、无残留、无粪便垃圾产生，而且发酵床内部中心发酵时温度可达60～70℃，可杀死粪便中的虫卵和病菌，清洁卫生，使苍蝇蚊虫失去了生存的基础，所以在发酵床式圈舍内非常卫生干净，很难见到苍蝇，空气清新，无异臭味。

发酵床养殖技术最早起源于日本，1970年，日本利用坑道，以锯末为垫料建立了首个发酵床系统。1985年，加拿大Biotech公司推出了以土壤作地板、秸秆为垫料的新型发酵床猪舍，并完善了围栏、食槽等辅助结构。此后，香港、荷兰等地研究人员也对发酵床养殖方法进行了深入研究和推广应用，确定了商业复合菌剂和锯末为最佳的发酵床养殖菌种和垫料基质，其相互作用可加快粪便的降解速率并使发酵床的效果更加稳定。20世纪90年代起，发酵床养殖技术在我国部分省市陆续展开了试点，并于2008年被国家环境部建议推广。山东农业大学从1985～1991年先后从新西兰和日本等地引进了发酵床养猪技术。近年来，国内科研单位先后与日韩专家合作，引进对方成熟的发酵床养殖技术，共同开展发酵床养殖本土化的研究工作。江苏镇江市于2003年先后从韩国自然农业协会、日本鹿儿岛大学引进了这项技术，取得了很好的效果。博亚方舟生物科技有限公司采取生物发酵床技术，实现养殖废弃物“零排放”，目前已申请专利，一种水产畜禽养殖用多菌种微生物复合制剂及其制备方法，专利申请（ZL201010540308.7）。

生物发酵床的原料按照使用量划分，可以分为主料和辅料；按原料性质划分，可以分为碳素原料、氮素原料和调理剂类原料。秸秆是制作生物发酵床的一种主要原料。生物发酵床菌种由整个生态系统都存在的七大类微生物中的多种有益微生物群组成。主要由土著菌、双歧菌、乳酸菌、芽孢杆菌、光合细菌、酵母菌、放线菌、醋酸菌等单一菌种复合发酵提纯而成，每克含有益总菌数≥100亿cfu。发酵床专用菌种的生产方法是采用适当的比例和独特的发酵工艺，把经过仔细筛选出来的好气性和嫌气性有益微生物混合培养，形成多种多样的微生物群落，这些菌群在生长中产生的有益物质及其分泌物质成为各自或相互生长的基质（食物），正是通过这样一种共生增殖关系，组成了复杂而稳定的微生态系统，形成功能多样的强大而又独特的优势。

在畜禽养殖应用中，根据养殖对象的不同，发酵床略有不同。养猪用生物发酵床一般分为地上式、地下式、半地式三种模式，可根据当地降水及水位高低来选择适合自己的模式，一般情况下，干旱少雨地区选择地下式、多雨潮湿地区选择地上式、气候适中地区可用半地式。

## （二）以农作物秸秆为原料制作生物发酵床

### 1．生物发酵床的原料选择

生物发酵床主要由垫料、营养成分和微生物菌体组成。

（1）垫料

垫料是益生菌的吸附载体，要求其具有高吸附性、较好的保水性能和良好的通气性能。垫料还要新鲜、无霉变、无腐烂、无异味、无毒等，容易干燥，来源广泛，经济实惠。以纤维素、木质素为主要组成成分的秸秆是制作生物发酵床的理想原料。将秸秆干燥后粉碎成为秸秆粉，其细度较均匀，纤维素、半纤维素含量高，吸水性特别强，通透性好，耐碳化分解等，而且来源广，成本也较低。稻壳也是一种较常使用的垫料原料。稻壳的吸水力相对较低，但灰分含量高，容重比较小，而且它的壳状立体空间结构能够使垫料原材料之间保持一定的空隙和弹性，有利于微生物的有氧发酵。除了秸秆粉和稻壳，还有花生壳、锯末等都具有良好的通透性和吸附性，可以作为垫料的主要原料；同时，为确保垫料制作过程的正常发酵，还要选择其他一些原料作为辅助材料，包括水、玉米粉、麦麸、磷酸氢钙、食盐、红糖等。而在进行发酵床垫料的组合配方时，原料中的碳氮比则是重要的指标，碳氮的比值低，垫料使用的年限就短；碳氮的比值高，垫料使用的年限就长。研究表明，发酵床垫料的碳氮比应大于25∶1。但一般各地的垫料资源不同，可以把碳氮比大于25∶1的垫料原料和碳氮比小于25∶1的营养辅料进行组合，以达到降低成本，延长使用寿命，提高发酵效率的目的。朱洪等应用木屑和稻壳按1∶1混合制成垫料，发酵效果就很好。董佃朋等以成熟芦苇秆为原料，研究不同粉碎程度的芦苇秆在发酵床中的适宜配比，也取得良好的效果。目前效果较好的几种垫料原料组合有："锯末+玉米秸秆"、"锯末+稻壳+米糠"、"锯末+花生壳"、"锯末+玉米秸+花生壳"、"锯末+稻壳+花生壳+玉米秸"等。

（2）微生物

微生物菌群是生物发酵床的核心成分，其菌种构成、数量、菌活性等一系列特性决定了生物发酵床的功能与功效。

山西博雅方舟生物科技有限公司研制开发的生物发酵床专用菌体制剂，由整个生态系统都存在的七大类微生物中的多种有益微生物群组成。

这其中包括：

a.发酵床专用菌种——光合菌群（包括好氧型和厌氧型）。

b.发酵床专用菌种——乳酸菌群（厌氧型）。

c.发酵床专用菌种——酵母菌群（好氧型）。

d.发酵床专用菌种——放线菌群（好氧型）。

e.发酵床专用菌种——发酵系的丝状菌群（好氧型）。

f.发酵床专用菌种——双歧杆菌。

g.发酵床专用菌种——芽孢杆菌。

（3）营养物质

营养物质主要是为发酵床中的微生物快速生长繁殖提供其所必要的营养成分。这部分原料的选用，要视不同微生物生长的具体需要而定，如米糠、麦麸、玉米面、食盐、红糖等都是常添加的营养物质。

**2．生物发酵床的制作**

根据养殖的种类来制作发酵垫料。在制作时，先根据各种原料的比例要求算出各种原料的用量。水的多少视原材料的干燥程度而定，一般制作好后的垫料含水量为60%左右。

材料都准备好后，在一块平整地面上，将秸秆粉、锯末、泥土、稻壳、麦麸、盐等原料均匀混合在一起，将菌剂、活性剂、红糖等按比例加水稀释后喷洒在锯末等的表面，并充分拌匀，最好的垫料含水量维持在60%左右。表观是：垫料潮湿，手用力握成团，不松散，不出水。做好之后，用麻袋或编织袋覆盖周围保温，发酵3～7d（不同季节发酵的时间不同，主要视垫料内部温度而定），当内部温度达到5～60℃时，发酵床垫料就做好了，可以将之移入猪圈、鸡舍等养殖场所内，再次在发酵床表面喷洒一次发酵菌液。24h后便放入饲养。

**3．生物发酵床日常管理维护**

生物发酵床日常管理的目的主要有两方面：一是维持发酵床的生态平衡，使有益菌始终占据优势地位，抑制病原微生物的生长，为动物提供健康的环境；二是使发酵床对动物粪尿的分解能力始终保持在较高的水平，为动物生长提供舒适的环境。发酵床的日常管理主要涉及垫料的通透性管理、疏粪管理、水分调节、菌种补充、垫料补充与更新等环节。

### （三）山西博亚方舟生物科技有限公司生物发酵床技术及菌剂产品简介

山西博亚方舟生物科技有限公司生物发酵床专用菌剂是经公司研发团队多年研究而成的最新成果。菌剂采用中国农业部菌种保藏中心严格筛选的双歧杆菌、酵母菌、乳酸菌、纳豆菌、光合细菌等多种有益微生物，经多菌种复合发酵而成。

山西博亚方舟公司生物发酵床专用菌剂的特点：

**1．活菌数含量高**

各组成菌种的有效活菌数含量高，为产品的高功效打下坚实的基础。

**2．菌体活性强**

菌体个体的生命活力强、生长繁殖旺盛。强壮的菌体个体保证了其进入使用环境后的成活率，保证了产品的良好功效。

**3．微生物的分解能力强，并且发酵性状稳定**

对禽畜粪便等作用底物分解能力强。这就保证了产品效果的长效与稳定。

**4．含有独特的耐高温菌株**

含有独特的耐高温菌株，极大地增强了对禽畜粪便的发酵能力。

**5．含有独特的抗病原微生物菌株**

其本身生命活动和代谢产物对多种病原菌均有抑制和杀灭作用，在实际使用中能够有效降低禽畜的发病率。

## （四）山西博亚方舟生物科技有限公司生物发酵床在肉鸡养殖中的应用案例

### 1．应用案例1

试验时间：2012年4月23日。

试验地点：宁国市奕盛力农业科技有限公司。

试验材料与方法：选取仔鸡50只在铺有生物发酵床鸡舍中养殖30d。

试验结果：鸡舍空气干净无恶臭，鸡只生活环境优越。试验期内没有用药，鸡只无一生病，采食旺盛，活力旺盛。

### 2．应用案例2

试验时间：2012年6月7日。

试验地点：黄山逸竹农庄生态养殖园。

试验材料与方法：选取仔鸡30只在铺有生物发酵床鸡舍中养殖45d。

试验结果：鸡舍空气干净无恶臭，鸡只生活环境优越。试验期内没有用药，鸡只无一生病，采食旺盛，活力旺盛（图4–2）。

图4–2 仔鸡在生物发酵床鸡舍中养殖试验（应用案例）

**3．应用案例3**

试验时间：2012年11月2日。

试验地点：黑龙江省齐齐哈尔市依安县太东乡巩固4队。

试验人：毕克甲。

试验对象及数量：试验品种长白杂交；试验数量共计9头，对照组4头、试验组5头；试验对象都属7周龄猪（图4–3）。

**图4–3 7周龄猪在生物发酵床鸡舍中养殖试验（应用案例）**

## 第三节 马铃薯淀粉渣生物处理的应用案例

### 一、我国淀粉产业马铃薯淀粉渣环境污染现状

马铃薯淀粉薯渣及废液是以马铃薯为原料生产淀粉的过程中产生的薯渣和废水等副产物，生产1t淀粉产生4～6t工艺废水、2～3t洗薯废水和0.8t薯渣。薯渣含水率为88%～95%，成分主要为膳食纤维及少量的淀粉、蛋白质等有机质，腐烂后的薯渣有恶臭味。马铃薯淀粉废液是高污染的废水，COD含量可达

10000mg/L以上，不加处理直接排放将造成环境水体缺氧，使水生生物窒息死亡，给环境带来巨大的危害。但是，由于马铃薯产区主要集中在“三北”（东北、西北、华北）地区，加工期在9～11月份，气温低，有冰冻。特别是在10～11月份，低温都在-5～15℃。这些问题给马铃薯淀粉废水的处理增加了难度，因此目前马铃薯淀粉企业的废水处理水平普遍落后，环境污染严重，造成环境水体缺氧，使水生生物窒息死亡。近年来，随着水资源匮乏和水污染问题日趋严重与需水量迅猛增加的矛盾越来越突出，国内对马铃薯淀粉薯渣、废水的处理及综合利用研究逐渐成为科研机构和企业的关注热点。

统计显示，我国年产马铃薯7000万t，其中最多只有16%的淀粉。我国马铃薯淀粉企业每年产生的薯渣大约有800万t，马铃薯淀粉渣是马铃薯加工淀粉后的副产品，其主要组成成分及含量（以干重计）为蛋白质4.6%～5.5%、粗脂肪0.16%、粗纤维9.46%、糖分1.05%、无氮浸出物>40%，这些无氮浸出物主要是难以消化吸收和利用的杂糖聚合物（如鼠李糖、阿拉伯糖、甘露糖、木糖、戊糖等），少量支链淀粉、纤维素、半纤维素、果胶等有效成分，具有很高的开发利用价值。但在马铃薯加工时添加了一些化学物质，适口性不好，饲喂效果差，其含水量高，含杂菌多，容易变质且不易烘干，以往烘干耗费的能源巨大，烘干的薯渣蛋白质含量低，粗纤维含量较高，营养价值不高，而销售价格又偏低，效益不明显。

## 二、马铃薯淀粉废水及薯渣特征及目前国内的处理方法

### （一）马铃薯淀粉废水来源及其水质特征

#### 1. 马铃薯淀粉废水来源

马铃薯淀粉生产中产生的废水主要来自两个部分：①清洗

工段清洗马铃薯产生的废水。这部分废水主要成分为马铃薯表面的泥沙。通常可在生产过程中增添少许设备，经简单的沉淀处理后就可循环使用。②提取工段的废水。这部分废水由两个生产阶段产生：一是淀粉乳提取产生的废水，主要是马铃薯自身的含水量，即细胞液，故该废水中的蛋白质含量较高。这部分废水不能循环使用，又因回收蛋白成本费用高，目前全部外排。二是淀粉提取产生的废水，生产过程中对水质的要求高，但用水量小，也称为工艺废水。该废水中主要含有淀粉、蛋白质等有机物，COD（化学需氧量）、BOD（生物需氧量）浓度非常高。目前马铃薯淀粉企业排放的污水主要为细胞液和工艺废水。

#### 2．马铃薯淀粉废水的水质特征

马铃薯淀粉废水中主要含有机物化合物，如蛋白质和糖类等，还含有一些淀粉颗粒、纤维等。水质成分如下：COD（化学需氧量）为：20000～25000mg/L，BOD（生化需氧量）为：9000～12000mg/L，SS（悬浮物）为：18000mg/L。

### （二）马铃薯淀粉废水处理现状

目前，国内马铃薯淀粉废水处理方法有资料显示的有：化学絮凝法、生物处理法等。

#### 1．化学絮凝法

絮凝沉淀法作为一种成本较低的水处理方法应用广泛。其水处理效果的好坏很大程度上取决于絮凝剂的性能，所以絮凝剂是絮凝法水处理技术的关键。絮凝剂可分为无机絮凝剂、合成有机高分子絮凝剂、天然高分子絮凝剂和复合型絮凝剂。追求高效、廉价、环保是絮凝剂研制者们的目标。目前国内采用混凝沉淀法处理马铃薯淀粉废水的研究不多，大多集中在实验室研究阶段，试验结果显示，采用絮凝沉淀处理废水，虽然对有机物有一定的去除效果，但是处理后的废水仍然不能达标排放，加上成本高等原因，尚未见采用混凝法处理废水的马铃薯淀粉生产企业。

### 2. 生物处理法

国内对淀粉废水的生物处理法研究较多，但是在马铃薯淀粉废水处理的生物法研究资料显示不多。采用投菌活性污泥法间歇式处理马铃薯污水定性试验，阐述了七种细菌的功能并通过试验数据分析得出，采用投菌活性污泥法，不仅能提高马铃薯污水的处理效果而且还能增强生化过程的硝化作用，使污水的脱氮效果明显，产泥量也少。郭静等在加拿大新布伦瑞克大学实验室利用上流式厌氧污泥床—厌氧滤柱系统，进行了低负荷条件下两级厌氧处理的研究。运行试验长达420d，结果表明：在常温条件下，该系统的有机负荷为0.19～0.55kgCOD/（$m^3$·d）时，COD和SS的去除率分别是95%～98%和98%～99%，产气量为0.31～0.32$m^3$$CH_4$/kgCOD去除，运行期间出水水质始终良好，没有出现任何恶性变化的征兆。生物气中77%～80%是$CH_4$，而17%～18%是$CO_2$，两级厌氧处理系统运行可靠、便于管理。国内大多数马铃薯淀粉生产企业集中在“三北”地区，生产季节9～11月份，气温低、有冰冻。特别是在10～11月份，低温都在−5～15℃，而生物处理工艺无论是厌氧法，还是好氧法，均需25℃左右的工作温度，有些厌氧处理工艺水温需要控制在35℃左右，否则封锁处理效果。因此，虽然有人进行生物法处理马铃薯淀粉废水的研究，但是企业实际并无应用实例，而污水处理工程即使建成也无法保证正常运行。

## 三、马铃薯淀粉渣的生物饲料化

### （一）马铃薯渣及废液对生产企业的影响

作为马铃薯淀粉生产企业来说，马铃薯渣的处理和转化问题一直没得到很好的解决。无论从薯渣中提取有益物质还是直接作为饲料，从技术上面临的问题就是马铃薯薯渣营养价值低，经济上面临的瓶颈就是薯渣转化产品的效益差，如何在薯渣处理技术

上和经济效益之间找到一个合适的平衡点，是每个生产企业主要考虑的问题。利用薯渣作为原料，经过特殊工艺加工畜禽饲料，是未来处理马铃薯渣的最具有发展潜力的方向。既能为生产企业解决薯渣和废液等废料处理，还能提高企业环保水平，有能增加企业的效益，同时还能降低畜禽养殖的成本，促进畜禽养殖业的发展。

## （二）国内畜禽类蛋白饲料的市场现状

我国是世界上最大的畜牧、禽类、水产养殖大国，据农业部畜牧司统计，2006年全国肉类总产量达到7980万t，禽蛋产量达到2940万t，奶类达到3290万t。2006年全国畜牧业总产值达到1.4万亿元，占农业总值的34%，畜牧业、水产养殖业及相关加工企业年GDP近3万亿人民币，已成为国民经济重要的产业部门。

但是，由于畜牧业的迅猛发展以及养殖业和饲料企业推行欧美日粮玉米豆饼型日粮模式，造成我国豆粕等优质蛋白饲料资源的短缺。据调查我国全年需饼粕等植物蛋白资源和动物蛋白饲料资源为6000万t以上。目前我国主要的蛋白饲料为豆饼、豆粕等，但是我国的大豆年产量仅为1500万t，远低于美国的8000万t/年，因此造成我国每年缺口大豆3000万t，拉动我国的大豆产品的价格猛增。因此产量减少和消费量加大而使大豆价格达到4000元/t左右，致使我国豆粕在2007年内价格由2000元/t涨到4000元/t左右，大大的增加了养殖成本，不利于我们畜牧业的良性发展。

在这种市场需求下，采用马铃薯薯渣和废液加工蛋白饲料，具有广阔的市场前景和巨大的经济效益。

## （三）马铃薯淀粉渣生物饲料的营养分析

细胞蛋白亦称微生物蛋白和菌体蛋白，是指细菌、真菌和微藻在其生长过程中利用各种基质，在适宜的培养条件下培养细胞或丝状微生物个体而获得的菌体蛋白。

马铃薯渣加工的单细胞蛋白营养物质丰富，其中粗蛋白质含量高达40%～50%；氨基酸组分齐全，赖氨酸和蛋氨酸等必需氨基酸含量较高；同时富含核酸、维生素、无机盐和促进动物生长因子，生物学价值优于植物蛋白饲料，可以部分代替豆粕和鱼粉。

## （四）山西博亚方舟生物科技有限公司生物饲料技术成果概要

### 1．生物饲料专利技术简述

山西博亚方舟生物科技有限公司经多年研究而成的最新成果，获国家专利（201010540308.7）。本微生物技术所使用的菌种，采用中国农业部菌种保藏中心严格筛选的双歧杆菌、酵母菌、乳酸菌、纳豆菌、光合细菌等有益微生物通过特殊发酵工艺、多菌种复合而成的高效微生态制剂。本微生物技术的特点是，微生物活性强，蛋白质含量高。各种微生物在生长中产生的有益物质及其分泌物质成为各自或相互生长的基质，正是通过这样一种共生增殖关系，组成了复杂而稳定的微生物生态系统。

### 2．生物饲料产品简介

新型高蛋白营养液型生物饲料是以马铃薯淀粉加工后的废液，采用国内最新微生物专利技术（国家专利201010540308.7）经过特殊的发酵工艺复合而成的一种微生物高蛋白动物营养液。除富含各种糖类、淀粉类、氨基酸、优质蛋白质等饲料中不可缺少的常规营养成分外，还富含普通饲料中较少含有的多种功能性营养物质，包括：各种维生素，尤其是B族维生素，包括一般植物饲料原料中不常见的维生素$B_{12}$等；各种生长因子和促进畜禽消化的消化酶类物质；葡萄糖、果糖、低聚糖、氨基酸、乳酸、苹果酸、延胡索酸、乙醇、酯香等各种提高营养价值和适口性的物质；新型微生物高蛋白饲料添加剂；还含有大量的菌体单细胞蛋白，菌体蛋白是一种易于消化吸收，极为优质的营养成分，含有丰富的蛋白质、脂类、核酸、多种酶类、维生素和其他多种营养物质。某些特殊菌种生产的蛋白饲料，由于菌种原因，还具有特殊香味。试验表明，菌体蛋白饲料的饲喂效果比玉米、豆粕要好，与鱼粉饲喂效果相当。除此之外，新型生物饲料中还含有大量的活菌体（如双歧杆菌、酵母菌、乳酸菌、纳豆菌、光合细菌等），这些活菌体具有多种生物功能，能通过改善肠道微生态平衡。新型微生物高蛋白饲料添加剂可广泛应用于各种禽类、畜类及水产的养殖当中，能起到显著的作用。

新型高蛋白营养液型生物饲料是根据动物的生理特点和营养需要，采用10多种有益微生物通过特殊发酵工艺、多菌种复合而成的高效微生态制剂。各种微生物在生长中产生的有益物质及其分泌物质成为各自或相互生长的基质，正是通过这样一种共生增殖关系，组成了复杂而稳定的微生物生态系统。众所周知在动物胃肠道内存在着大量微生物（其中对动物有益的微生物称为有益菌，对动物有害的微生物称为有害菌，绝大多数对机体即没有利也没有害，称为中性菌）。它们相互依存、相互制约、优势互补，即起着消化、营养的生理作用，又能抑制病原菌的侵入和繁殖，作为整体发挥预防感染的保健作用。当动物受到环境的污染、饲料更换、断奶、运输、抗菌药物干扰时，会引起体内有益菌群失衡（即有害菌占优势）从而患病。本品通过饮水进入动物消化道后，益生菌在其内定居、繁殖，形成强有力的优势菌群，通过改善肠道微生态平衡，促进机体健康。益生菌能合成维生素，形成具有抗菌作用的物质，从而加强肠道先天免疫系统，防止潜在致病性病原微生物的侵袭和抑制致病菌群，同时分泌与合成大量氨基酸、蛋白质、各种生化酶、促生长因子等营养物质，以调整和提高畜禽机体各器官功能。饲用本品能在高活性物质的作用下，分解饲料中的粗纤维、转化和利用饲料中的NPK，合成大量的糖、淀粉、氨基酸和优质蛋白质，能在动物肠道内形成稳定的生物营养机制，对动物产生免疫、营养、生长刺激等多种作用，能增强动物对饲料营养物质的消化和合成功能，提高饲料利用率。长期使用本微生物制剂能达到消除粪尿臭味、辅助预防疾病、提高成活率、促进生长、繁殖和降低成本、净化环境、提高经济效益等一系列明显效果。其主要功效有：

（1）提高饲料转化能力，降低养殖成本

经过本品发酵或者处理过的饲料，其中大分子有机物（木质素、甲壳素等），都被降解为小分子有机物（糖类、脂酸类等），加之菌体本身的及其分泌、合成的活性酶等物质均大大的提高了饲料的营养价值，发酵后的饲料中所含18种氨基酸总量明显增加，不同饲料营养成分提高的幅度在10%～30%，而且适口性好，动物喜欢食用。饲喂本品处理过的饲料，可使肉比、料蛋比下降20%～40%，将大大的减少饲料成本。

（2）分解转化抗营养因子和有毒物质

饲料的原料中含有各种抗营养因子或有毒物质：如大豆中的胰蛋白酶抑制因子，棉粕中的棉酚，菜粕中的单宁、异硫氰酸酯、恶唑烷硫酮等。它们可引起动物的消化系统障碍，引起生长发育异常等。谷物饲料中的谷物纤维素成分、阿拉伯木聚糖等，不仅不能被动物消化吸收，还会干扰谷物主要成分的吸收。本品可以分解脱毒95%（而费用可减少50%以上），转化饲料中各种抗营养因子90%以上，为动物的生长提供一个良好的营养环境。

（3）缓解抗生素滥用问题

使用抗生素产品存在很多局限性，首先对动物机体有毒副作用，会引起动物免疫功能下降，甚至导致发病死亡。其次，有害菌产生抗药性甚至变异，导致抗生素使用疗效将越来越不理想。而本品具有天然，无毒副作用、无残留、无抗药性，提供特殊营养、防治疾病、促进生长、提高机体免疫力和抗应急等特点，是缓解及逐步替代抗生素滥用的理想产品。

(4) 促进生长，提高日增重，缩短饲养时间

乳猪较常规饲养增重增加40%以上，育肥猪可提前10d以上上市；僵猪饲喂一个周期后可正常生长；肉用畜禽均可提前10～15d上市。

(5) 明显提高繁殖率

据试验报告，交配前20d开始使用本品，能提高畜禽生长繁殖率。母猪产仔率提高10%～20%；母鸡产蛋率15%～20%；奶牛产奶率提高6%～9.2%；羊的双胎及三胎增多，且小畜健壮，生长快；鱼虾产量提高8%～15%。

(6) 消除畜禽粪便的臭味，抑制腐败菌的生长繁殖，改善饲养环境，减少呼吸道疾病发病率

使用本品能消除粪便恶臭，除氨率达70%以上，能有效预防冬季猪棚鸡舍封闭太严而造成氨气中毒死亡等各种病症，能提高畜禽的抗病和免疫力。据试验报告，能有效防治黄、白红痢疾，猪仔成活率90%～100%；使畜禽发病率降低50%～70%；逐渐减少乃至消灭蚊蝇；净化环境，减少疾病发生。

(7) 提高改善养殖产品品质

改善肉、蛋、奶的品质，生产出鲜嫩无公害的纯天然绿色食品，鸡蛋的蛋白质可提高5.56%，而脂肪和胆固醇分别下降75%和84%，且蛋黄颜色较深，蛋白黏稠，没有任何残留。

### (五) 年产6万t马铃薯淀粉渣生物饲料厂工艺流程简介

本工艺流程是按照在一年内消耗掉每年10月份生产淀粉所产生的3万t薯渣计算，产量定为年产6万t。饲料产品类型是微生物饲料添加剂，按照国家标准GB/T 23181-2008《微生物饲料添加剂通用要求》和农业部标准NY/T 1444-2007《微生物饲料添加剂技术通则》执行。

#### 1. 产品主要指标

营养指标：粗蛋白含量≥20.0%；

粗脂肪含量≥3.0%；
粗纤维含量≤5.0%；
水分含量≤10.0%。

有效活菌数含量，暂缺，待定。

卫生指标：黄曲霉毒素$B_1$（μg/kg）≤10.0；
砷（以总砷计）允许量（mg/kg）≤2.0；
铅（以Pb计）允许量（mg/kg）≤5.0；
汞（以Hg计）允许量（mg/kg）≤0.1；
镉（以Cd计）允许量（mg/kg）≤0.5；
杂菌率（%）≤1.0；
大肠菌群（cfu/kg）≤$1.0\times10^5$；
霉菌总数（cfu/kg）<$2.0\times10^7$；
沙门氏菌：不得检出；
致病菌(肠道致病菌及致病性球菌)：不得检出。

**2. 马铃薯高蛋白营养液生产工艺**

生产菌种选用多种厌氧或兼性厌氧菌的复合菌种：乳酸菌、芽孢杆菌、酵母菌、枯草杆菌、双歧杆菌、丝状真菌等。

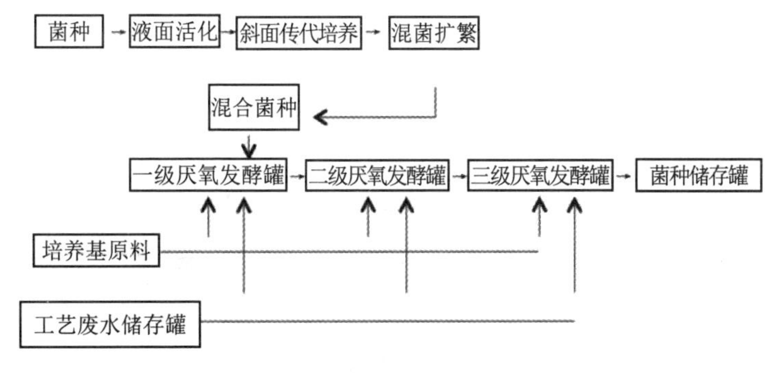


**菌种发酵生产工艺流程**

菌种发酵生产技术参数：发酵方式为液体厌氧发酵，采用三级发酵方式，发酵温度25～30℃，发酵周期15d。

菌种生产所用培养基以蔗糖为主要原料，在发酵罐中加入淀粉生产工艺废水，通过高温灭菌配制而成。工艺废水中的内溶物也兼做一部分培养基的辅料。

消毒工艺：高温灭菌，灭菌温度121～123℃，蒸汽压力0.11～0.12MPa，灭菌时间30min。

一级厌氧发酵罐接种量为10%。各级发酵罐以10倍放大：一级发酵罐容量0.3t→二级发酵罐容量3t→三级发酵罐容量30t。发酵罐装液量为83%，实际生产量为0.25t→2.5t→25t。

一级到三级种子罐发酵为一条完整生产线。一条生产线15d为一个生产周期，产量25t，月产量50t。

菌种储存罐容量为60t。

### 3. 马铃薯高蛋白饲料添加剂的生产工艺

主要原料及其指标：马铃薯淀粉渣：无腐败变质，无霉变和虫蛀，无异味，色泽新鲜一致。水分含量≤90.0%。粒度≥18目。米糠（按照农业部标准NY/T 122-1989 《饲料用米糠》执行）：淡黄灰色粉状，色泽新鲜一致，无酸败、霉变、结块、虫蛀及异味异嗅。水分含量≤13.0%，粗蛋白质≥11.0，粗纤维<8.0，粗灰分<10.0。粒度≥18目。

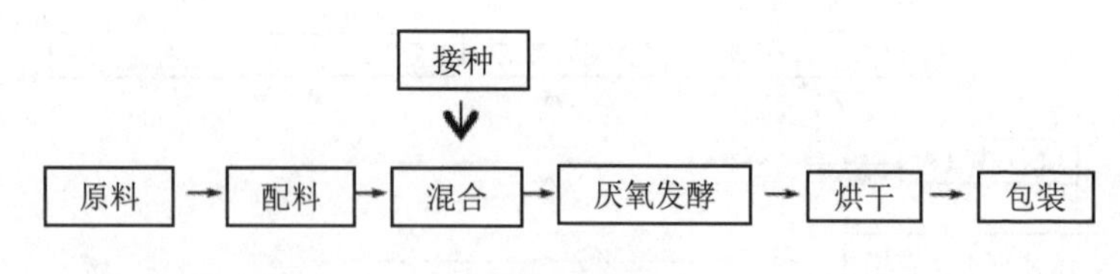


**生产工艺流程**

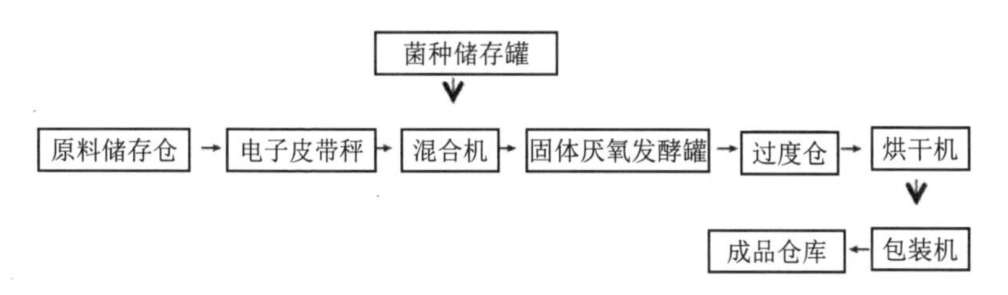


**设备流程**

### 4．配料工段

称重原料薯渣与米糠等辅料的重量，按照一定比例将其输入混合设备中。

电子皮带秤：选用ICS全系统电子皮带秤。它是在皮带输送机中对散状物料进行连续计量的理想设备，具有结构简单、称量准确、使用稳定、操作方便、维护量小等优点。

要求参数：称量精度为±0.5%；称重范围为1～4000t/h；皮带机倾角≤0°～17°；，称重传感器数量为2；称重托辊数量为2。

### 5．混合工段

混合物料含水量控制在40%～50%，同时通过混合机中的喷液装置以1/100的接种量接入发酵菌种，使之与物料充分混合均匀。

混合机：选用卧式螺条混合机。卧式螺条混合机清理方便，该设备的搅拌机构为整体式，安全可靠，所有棱角焊缝圆滑过渡，易清洗；润滑部位均在桶体外，无滴油和磨屑物渗入物料，可密封操作，隔绝空气中尘埃进入物料。混合均匀度高，能使

1∶10000倍配比的物料均匀混合。混合速度快，效率高，通常每批物料混合一般在1～10min就完全达到充分混合搅拌。出料快，方便，残留量少。装载量大，该设备通常装载量（装载系数）在70%以上。满足真空上料、无粉尘出料，避免整个上料、混合、出料过程中粉尘飞扬。混合过程温和，基本不会破坏物料的原始状态，对物料无污染。对厂房要求低，设备为卧式，且各种形式的驱动装置和出料位置可任意选择，不受厂房高度，占地面积制约。设备运转平稳可靠，易损件少，使用寿命长，维修方便，操作简单。

参数要求：设备加装喷液装置，物料混合时直接在混合机中喷菌液接种。设备加装剪切装置，可切碎任何尺寸的聚集物，防止物料结块。装载量不小于15t。混合时间小于10min。出料时间小于5min。

**6．发酵工段**

发酵方式采用固态厌氧发酵。发酵温度25～30℃。发酵周期48h。

固体厌氧反应器：定制设备。全密闭以隔绝空气，内壁采用不锈钢，通过循环水夹层来控制发酵温度，能够监测pH和发酵温度。

过度仓：过度仓用于临时存放干燥前的物料，其容量不小于100t。

**7．干燥工段**

将发酵完成的物料的水分含量从40%～50%干燥至10%以下，干燥温度不得超过60℃，以避免杀死产品中的有效微生物活体。

干燥机：选用双锥回转真空干燥机。双锥回转真空干燥机主机为双锥形罐体，罐内在真空状态下，夹套内可通入蒸汽或热水对内胆进行加热，热量通过内胆传递给湿物料，使湿物料中水分气化，低速电机带动罐体回转，物料不断上下、内外翻动，更换受热面，同时，水蒸气通过真空泵经排气管不断被抽走，加快了物料干燥速率，最终达到均匀干燥的目的。由于是在真空下干燥，在较低温度下有较高速率，比一般干燥设备速度提高2倍，节约能源，热利用率高，特别适合热敏性物料和易氧化物料的干燥。本机设计先进、内部结构简单、清扫容易、物料能全部排出、操作简单。封闭干燥，产品无漏损，不污染，适合热敏性物料的干燥。物料在转动中混合干燥，可以将物料干燥至很低的含水量（≤0.5%），且均匀性好，适合不同物料要求。设备结构紧凑，占地面积小，操作简便，减轻劳动强度，节省劳力。

参数要求：物料装载量不小于2.5t，干燥时间不超过30min，干燥温度60℃，干燥完成后水分含量≤10%。

**8．包装工段**

包装机：选用全自动袋装生产线。

参数要求：装袋量25kg/袋，装袋速度不小于15袋/min。

**9．其他辅助设备**

蒸汽发生系统：由锅炉和蒸汽管道组成。为整个生产线提供蒸汽，用于发酵工段消毒和供热、干燥工段供热等。

循环水系统：由水泵和循环水管组成。为生产的发酵工段和干燥工段提供热循环水，同时回收冷却水。

## 第四节　山核桃皮生物处理的应用案例

### 一、山核桃皮的环境污染概况

**1．山核桃种植情况概况**

胡桃科Juglandaceae，山核桃属CaryaNutt.植物，全世界约18个种，2个亚种，主要分布于北美东部和亚洲东南部。中国分布有5种，引进栽培1种，分别是云南山核桃C.tonkinensis、贵州山核桃C.kweichowensis、湖南山核桃C.hunanensis、山核桃C.cathayensis、大别山山核桃C.dabieshanensis及薄壳山核桃C.illinoensis。目前，国产山核桃属植物中，果实品质好、产量高、开发早、栽培面积最大的是山核桃，国内关于山核桃属植物的研究，基本上集中于山核桃这一种。

核桃主要分布于浙、皖两省交界的天目山区周围，地处北纬29°～31°，东经118°～120°，包括浙江临安、淳安、安吉、建德和安徽宁国、歙县、旌德、绩溪等县市，总面积近46667hm$^2$。山核桃种仁含蛋白质7.8%～9.6%，含油率69.8%～74.01%，其中不饱和脂肪酸占88.38%～95.78%，并含有丰富的人体所必须的矿质元素。山核桃油味清香，营养丰富，是优良的食用油，具有润肺、滋补和康复之功效，还可降低血脂，预防心脑血管疾病。山核桃种仁中主要营养成分有17种氨基酸，8种脂肪酸，在营养价值和保健作用方面具有更独特的优点。种仁可制成各种糕点、糖果，干果可加工成油酥、椒盐、五香山核桃等产品。在综合利用方面，山核桃榨油后的油饼可用作肥料或饲料，外果皮可浸取碳酸钾，内果皮可烧制活性炭。山核桃生长快，且木材坚硬，纹理通直，抗腐抗冲击力强，可用作军工、舰船及建筑用材。可见，山核桃的经济价值很大，但长期以来，由于认识不足，山核桃一直处于粗放经营水平，资源利用率低，经济效益差。

**2．山核桃外蒲壳污染情况**

浙江省临安市的天目山区是国内最大的山核桃生产地，种植面积约20670hm$^2$，占全国总面积的47.7%，并且山核桃产业也是当地最重要的林业收入来源。但是，据测算，仅临安市山核桃每年产生6万t外蒲壳，这些废弃物难以处理，已对临安当地生态环境产生了不利影响。山核桃的外蒲壳含有多种生物碱成分，对一些生物的生存、生长具有杀灭或抑制作用。目前在临安每年山核桃采收季节（9～10月份）有大量山核桃外蒲壳无管理地堆积在山谷、河滩，遇到大雨后即被冲入溪流，造成大量溪鱼死亡，水质红浊无法饮用，生态后果十分严重。安徽省宁国市每年约产生4万t山核桃蒲壳，其中15%就地还山，10%用作农家肥，30%被加工利用，45%被废弃。由于山核桃蒲壳碱性很强，含有多种生物碱（含量约0.7%）、黄酮、单宁、鞣质（含量约1.7%）等物质，在自然界中降解速度很慢。堆置在野外的山核桃蒲壳经雨水浸泡后，浸出液流入江、河、湖泊中，河水变黑，鱼虾全被毒死，对水体造成严重污染。堆置在地里的山核桃蒲壳会导致庄稼（甚至是杂草）难以生长。造成山核桃蒲壳污染环境的主要原因就是生物碱，其他如鞣质、多酚类、黄酮类、香豆素、萜类，甾类和有机酸物质等多元化有机化合物也具有一定得植物源农药活性。山核桃蒲壳中生物碱中的胡桃醌是胡桃科植物的重要毒性物质，具有明显的抑菌和抗癌活性。新鲜山核桃青皮中胡桃醌含量较高，达到0.42%，毒害性较强。而鞣质主要是抑制消化酶活性，从而对机体产生毒性。如何攻克山核桃蒲壳环境污染这一顽疾，综合利用其有效价值，达到生态效益与经济效益共赢，是促进山核桃产业可持续发展的重要内容。

## 二、山核桃外蒲壳的营养成分分析

山核桃外蒲壳，即果皮，又称青龙衣，在中医上有用其治疗胃溃疡、胃痛、皮肤病、子宫脱落等病症的记载。它含有毒素，过量服用会致人死亡，但癌症病人服用或可治病。因此，在临床和民间常作为偏方用其治疗癌症和皮肤病成功的案例。外蒲壳还具消炎、镇痛、抗菌、杀虫、除草等作用。山核桃外蒲壳生物量很大，其果皮与果实的质量比几乎相等，因此废弃后造成的浪费极大。随着山核桃产业给林农和地方政府带来巨大经济利益的同时，数万吨任意堆放的山核桃外蒲壳经雨水浸泡后，大量有毒物质浸出并随溪水流入江河、湖泊中，严重污染了当地的生态环境，危及鱼类和其他动植物的生存，已成为当地政府急需解决的环境问题。目前，人们对山核桃外蒲壳的利用研究已取得了明显进展，主要结果如下： 山核桃果皮中含有醌类、多糖、香豆素、皂甙、黄酮类、有机酸、甾体、鞣质、萜类等多种生物活性成分，其粗提液对水稻纹枯菌 Rhizoctonia solani和小麦赤霉病菌Fusarinm graminerum等真菌的毒杀效果较好，具有研究开发为植物源杀菌剂的潜力；而其提取的黄酮化合物具有抗癌、抗菌、免疫、清除自由基、抗衰老、治疗心脑血管疾病、降血糖、降血脂及血压等药用保健功能，还有促使小麦和绿豆幼苗生长、增强细胞膜结构稳定性和提高其叶片保护酶活性的作用；其甲醇提取物对黄瓜灰霉病菌Botrytis cinerea，黄瓜炭疽病菌Colletotrichum lagenarium，番茄早疫病菌Alternaria solani 等15种植物病原真菌和部分害虫有抑制作用。

我国在1985年首次从山核桃的新鲜果皮中分离提纯出胡桃醌，其抑菌和抗癌活性明显。在醌的最佳提取工艺下（70%乙醇为提取剂，料液比1∶15g/ml，提取温度60℃，提取时间2h），山核桃外蒲壳的总醌得率达0.84%，其平均回收率为97.21%。而黄酮的最佳萃取工艺条件为：70%乙醇为提取剂，料液比1∶20，萃取温度和时间分别为60℃和6h。山核桃果皮中还含有砷。

有学者采用固相微萃取法，从山核桃果皮中提取的挥发油成分为(反式)-1-(2，6-二羟基-4-甲氧苯基）-3-苯基-2-丙烯-1-酮（36.69%）、十六酸（10.762%）、p-谷甾醇（11.83%）等。刘元慧等也从山核桃外果皮分离鉴定了槲皮素-3-O-β-D-葡萄糖苷、槲皮素、β-谷甾醇、没食子酸、对羟基肉桂酸甲酯、5-羟基-1，

4-萘醌、大黄酚、对羟基肉桂酸、球松素、香草醛、胡萝卜苷、咖啡酸等12种化合物。

山核桃蒲壳质地松软，有机质含量高，干制山核桃蒲壳含有纤维素约17%，木质素约43%。木质素是在酸作用下难以水解的相对分子质量较高的物质，主要存在于木质化植物的细胞中，强化植物组织。其化学结构是苯丙烷类结构单元组成的复杂化合物，共有三种基本结构（非缩合型结构），即愈创木基结构、紫丁香基结构和对羟苯基结构，分子结构式如下图所示：

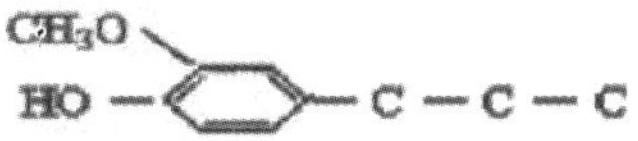

$CH_3O$

HO — C — C — C

愈创木基结构

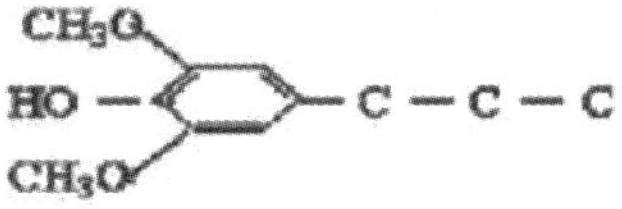

$CH_3O$

HO — C — C — C

$CH_3O$

紫丁香基结构

HO — C — C — C

对羟苯基结构

除此之外，山核桃外蒲壳的主要无机成分有K、Ca，微量元素有Fe、Se、Zn、Mg、Cu等。山核桃壳的主要化学成分中至少含有 5种氨基酸、4种黄酮、4种皂苷、3种单糖、3种香豆素苷、3种挥发油和1种强心苷。因此，山核桃蒲壳是良好的有机肥生产原料。

## 三、山核桃蒲的生物肥料化处理

### （一）利用山核桃蒲制作有机无机微生物复合肥

#### 1．有机无机微生物复合肥产品标准

技术参数：粉状、膏体、颗粒复合微生物肥料，有效活菌数亿/g≥0.20，杂菌率≤30%，总养分（$N+P_2O_5+K_2O$）%≥35.0，有机质≥15.0。

技术中心实验室（菌种培养）：中心实验室是企业产品安全的第一道防线，是高科技产品研发平台，也是企业产业化发展的技术核心。

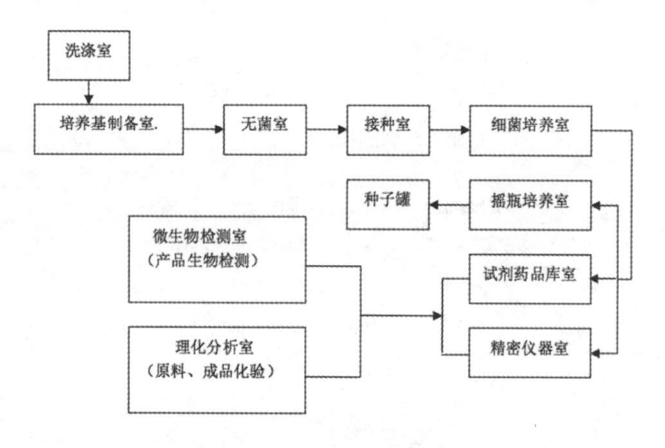


中心实验室工作流程

#### 2．菌液、菌剂和颗粒生产线生产工艺说明

（1）菌液生产线

生产需要7个菌种，分别来自中心实验室，经摇瓶培养后分别接入6个一级种罐和1个益生菌一级种罐，经二级扩大种罐深层

培养，成熟后接入发酵设备完成培养，待培养完成后通过管道输送至菌液贮罐，经检测合格后，计量装灌即成液剂产品。

（2）菌剂生产线

菌液培养完成后部分菌液通过管道输入固剂生产车间，混入载体和粉剂后，经粉碎、烘干后得到菌剂产品。

（3）颗粒生产线

菌液培养完成后部分菌液通过管道输入固剂生产车间，混入载体，经斗式提升、分层造粒、颗粒输送、中低温成品烘干、分筛、计量、装袋后得到颗粒成品。

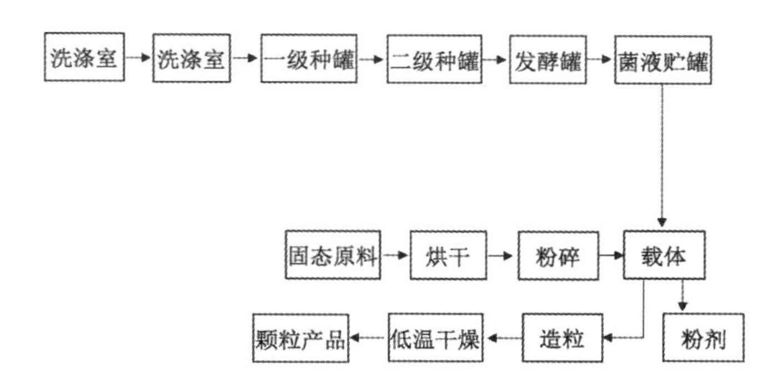


菌液、菌剂和颗粒生产线工艺流程

## （二）利用山核桃蒲制作微生物有机复合肥

### 1. 产品质量标准

产品符合有机肥NY 525—2002农业行业标准，根据产品可以制定高于NY 525—2002的企业标准。

### 2. 主要技术工艺流程

整个生产工艺流程主要分为畜禽粪便等有机废弃物的生物处理、畜禽粪便等有机废弃物的二次发酵、有机物（山核桃皮）料粉碎、制粒、烘干、冷却、筛分、计量、包装等工段以及其他辅助工段。有机物料粉碎、制粒、烘干、冷却、筛分工段采用封闭式生产，基本无粉尘；包装工段采用全自动包装机，成品直接用皮带输送至成品库。该项目整个工艺流程科技含量高，避免了高强度的体力劳动，大大加强了自动化程度。技术工艺流程如下：

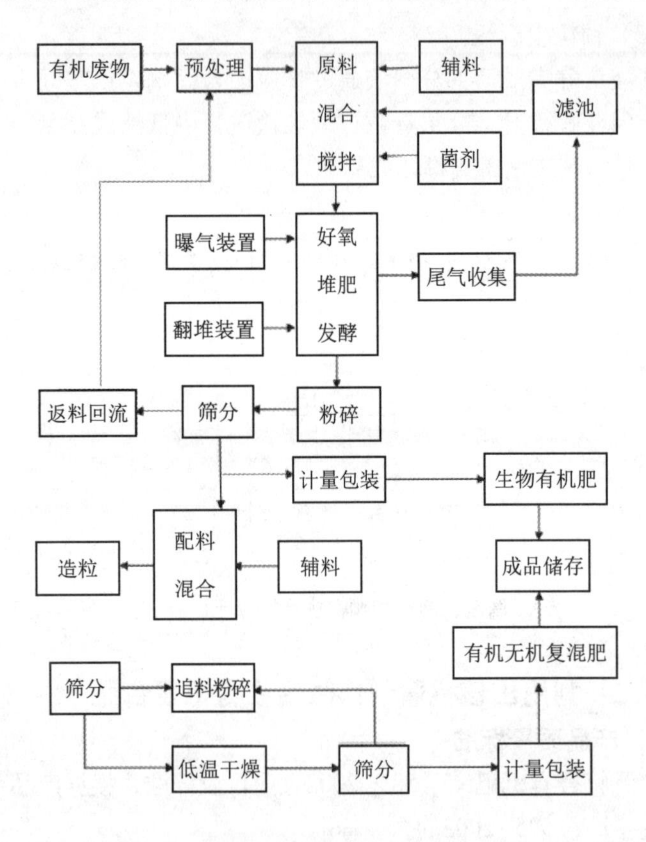


有机肥生产的技术工艺流程

### （三）具体实施案例

技术合作单位：宁国市奕盛力农业科技开发有限公司。

单位负责人：罗胜华。

单位地点：安徽省宁国市中溪镇。

项目规模：年产5万t有机肥。

# 第五章　农业废弃物生物处理的效益分析

## 第一节　农业废弃物生物处理的生态效益分析

### 一、农业废弃物生物饲料化生态效益分析

农业废弃物生物饲料化，尤其是农作物秸秆生物饲料化，可以有效改善我国草地资源严重超载的局面，有效缓解了我国畜草不平衡以及生态恶化现状，促进我国畜牧业的可持续发展，生态效益十分显著。数据显示，通过农作物秸秆饲料化年均节约草地约$1.27\times10^8hm^2$，相当于增加可利用草地面积40%左右。此外，农作物秸秆氨化处理可有效减少单位畜产品甲烷气体的排放量。

### 二、农业废弃物生物肥料化生态效益分析

长期使用化肥导致我国土壤质量下降和土地生态环境恶化，严重影响农产品产量和质量。农作物秸秆和畜禽粪便等农业废弃物中含有大量的矿物质营养，其还田对有效改善土壤质地，提高农作物产量具有重要作用。数据显示，连续还田可提高作物产量3.4%～9.6%，提高土壤有机质含量8.5%～9.9%。

我国农业正由传统的自给自足型农业向现代化商品农业转变。在自然生态环境和经济发展双重作用下，农业面源污染日趋严重，生态环境明显恶化。农业生产需要土壤提供作物生长繁殖的营养物质和生存环境。然而，由于长期施用化学肥料，有机肥供应不足，各类养分比例失调，致使农田生态环境、土壤理化性状和土壤微生物区系受到了不同程度的破坏。根据全国化肥试验网肥料长期定位试验和国家土壤肥力与肥料效益监测资料，我

国耕地土壤有机质含量呈逐年下降趋势，土壤缓冲能力减弱，抗灾能力衰退。据全国第二次土壤普查结果，901个县肥沃高产田仅占22.6%，中低产田77.4%，土壤有机质低于0.65%的耕地占10.6%。以东北黑土区为例，土壤有机质已由开垦时的8.10%下降到2.3%，从富含有机质的土壤转变为有机质贫瘠土壤，其他地区土壤有机质的状况则更为严重。在肥料施用中，重化肥轻有机肥、偏施氮肥的问题普遍存在。我国每亩耕地施化肥13.2kg，超过世界平均水平每亩6.3kg的一倍多。专家指出，化学肥料污染已成为当今世界一大公害，我国目前土壤资源现状迫切需要通过人为措施补充土壤有机质，确保农业种植水平和农产品品质。

通过山西博亚方舟生物科技有限公司的农业废弃物肥料化专利技术，生产的高效生物有机复合肥料，可有效地减少化肥施用量，改善土壤结构，遏制土壤退化，促进农业生态环境良性发展。

## 第二节　农业废弃物生物处理的经济效益分析

### 一、农业废弃物生物肥料化的经济效益分析

农业废弃物生物肥料化主要有动物粪便生物肥料化、农作物秸秆生物肥料化等方式，农作物秸秆和畜禽粪便等作为生物肥料还田，可以优化我国农业肥料利用结构，改善以化肥为主的肥料结构。据测算，通过生物肥料再还田，可以直接减少费用每亩约200元，此外，再还田还可以改善土壤质地，增加作物产量，经济效益可观。利用农作物秸秆及畜禽粪便生产生物肥料的经济效益更加显著，以一个年产固体肥料约3000t的25$m^3$蒸球生产为例，年经济收益在6万～20万元。我国是一个农业大国，国内农用肥料市场前景广阔，且供应结构不平衡，目前市场上以无机肥料及无机复合肥为主，生物肥料，尤其是生物有

机复合肥料供应存在较大缺口。以农作物秸秆、动物粪便为主要代表的农业废弃物生物肥料化技术，将会开创我国现代农业和循环经济的新局面。

## 二、农业废弃物生物饲料化的经济效益分析

马铃薯淀粉渣是我国淀粉生产企业最为头疼的环境排放污染物。每年对其进行环境无害化处理都需要企业和社会投入巨大的人力、物力、财力，但效果极为有限。马铃薯淀粉渣的生物饲料化，以零成本的马铃薯淀粉渣为主要原料，生产极大的降低了原料成本，且成品生物饲料是一种有着高附加值的饲料产品，市场需求量大，利润率高。以马铃薯淀粉渣为原料的生物饲料生产企业，先天就拥有着成本优势，同时可以以高技术含量的产品在市场上占有一席之地。

# 第三节 农业废弃物生物处理的社会效益分析

## 一、消除日益严重的环境污染

目前，我国是世界上农业废弃物产出量最大的国家，每年大约有40多亿t，其中畜禽粪便排放量26.1亿t，农作物秸秆7.0亿t，废弃农膜等塑料2.5万t，蔬菜废弃物1亿~1.5亿t，乡镇生活垃圾和人粪便2.5亿t，肉类加工厂（包括肉联厂、皮革厂和屠宰场）废弃物0.5亿~0.65亿t，饼粕类0.25亿t，林业废弃物（不包括炭薪林），每年约达3700万$m^3$，相当于1000万t标准煤。过去，我国农民将农业废弃物作为有机肥使用，在促进物质能量循环和培肥地力方面发挥了巨大的作用。但是，随着市场经济的发展，农业废弃物转化为有机肥料面临一系列新的问题和严峻的挑战。一方面，废弃物成分发生了很大变化，同时，种植业逐渐转向省工、省力、高效、清洁的栽培方式；另一方面传统的有机肥料

积、制、存、用技术已经不能适应现代农业的发展。因此，农业废弃物不再受欢迎，成为严重污染生态环境的污染源。主要表现在以下方面。

①臭气、秸秆焚烧、温室气体排放，加剧了空气污染。

②重金属和农药、兽药残留污染土壤，增加了环境生物的耐药性。

③农业“白色污染”严重影响土壤正常功能。

④污水横流增加面源污染和水体富营养化。

⑤病毒传播，疾病蔓延，尤其是人畜共患病等方面。

## 二、保持和提高耕地土壤质量

我国用占世界10%的耕地养活占世界22%的人口，并保持地力不衰，在某种意义上应归功于有机肥料的施用。但是，随着农业生产日益集约化，生产资料投入的增加，农业生产有了飞跃的发展，传统的有机肥料面临被抛弃的境地。同时根据全国化肥试验网肥料长期定位试验和国家土壤肥力与肥料效益监测资料显示，近年来，耕地土壤有机质含量有下降趋势，土壤缓冲能力减弱，抗灾能力衰退，化肥利用率低，土壤肥力降低。土壤养分库储存太少，土壤质量下降，导致只能靠大量施用化肥提高作物产量，化肥施用量越高，其利用率越低。实现农业废弃物的肥料化利用，生产有机肥料可以补充土壤养分，并提高土壤中微量元素的有效性。增加有机肥的施用比例，一方面可减少或缓解化肥用量；另一方面可提高和保持土壤地力，促进农业的可持续发展。

## 三、解决农村的能源短缺和保护生态环境

我国农村人口占全国总人口的70%以上，生物质一直是农村的主要能源之一，农村生活用能源仍有57%依靠薪柴和秸秆。薪柴消费量超过合理采伐量的15%，导致大面积森林植被破坏，水

土流失加剧和生态平衡破坏。农村的生物质能利用大多以直接燃烧为主，不仅热效率低（低于10%），而且大量烟尘和余灰的排放使人们的居住和生活环境日益恶化，损伤了农民的身体健康。采用生物质能转化技术可使热效率提高35%～40%，节约资源，改善农民的居住环境，提高生活水平。“九五”以来的全国生态农业和生态家园建设的实践已经证明，有效利用农林废弃物和乡镇生活废弃物，发展农村沼气等能源工程和生态农业模式，可有效地促进生态良性循环，减轻对森林资源的破坏，减少土壤侵蚀和水土流失，保护生物多样性。

# 第六章 前景展望

## 一、中国农业废弃物资源化的主要问题

在中国的现实社会环境中，由于农业废弃物的数量大、品质差、危害多，人们对农业废弃物的价值还存在一些消极的观念，没有放在整个社会循环系统中考虑，导致对农业废弃物资源化的重视程度不够、资源总量估计不清，技术支撑不足，政策引导不力等现实问题，阻碍了农业废弃物资源化与生物质能利用技术的发展、推广和应用。

### （一）资源总量不清

中国每年到底产生多少农业废弃物，这些废弃物呈怎样的分布，利用状况如何，对环境造成多大影响，没有准确的数据和记录，仅仅是根据作物和养殖规模估算。不同部门的统计数据出入很大，难辩真伪。农业废弃物是如何处置处理的，各种消纳和利用途径比例及具体应用情况如何，没有量化的数据，也没有估算的标准统计数据。各地根据农业废弃物的数量、特点，以及不同区域依据其地区特点和经济发展状况，因地制宜确定的农业废弃物综合利用模式有哪些，都没有明确的数据，中国的农业废弃物的产生量和危害停留在粗略的估算上，数据不准，家底不清，导致中国农业废弃物资源利用的盲目性，限制了切实可行政策的制定。

### （二）重视程度不够

数以几十亿吨计的农业废弃物已经成为中国最大的污染源和潜在资源库。以2003年中国畜禽粪便产生量为例，所产生的21亿t畜禽粪便是中国固体废弃物产生量的2.4倍。畜禽粪便化学耗氧

量的排放量已达9118万t，远远超过中国工业废水和生活废水的排放量之和。如果这些废弃物不能有效地无害化处理和转化为资源，就是一个巨大的污染源。据国家环保局在太湖地区的调查，农业废弃物的污染占面源污染的60%。但农业废弃物又是一个有巨大潜力的资源库。若将全国农业废弃物所蕴含的能量转化成沼气计算可达3111.5亿$m^3$，户均达1275.2$m^3$。解决农村的能源问题绰绰有余。因此，农业废弃物是一最大的搁置资源。目前，人们对农业废弃物的这种双重性认识不清，重视不够。

### （三）技术装备落后

虽然中国有农业废弃物资源化的传统，但是创新的技术少，有自己知识产权的技术和有很好适应性能和推广价值的技术更少。实际上我们原有的优良传统技术（堆肥技术、沼气技术）没有大的发展，就是由于长期困扰生产的一些问题，比如发酵过程中的微生物筛选，沼气的产气率和设备、堆肥的设备和氮素损失没有得到很好的解决。学习国外的先进技术又不到位，如，中国规模化养猪场废弃物处理的设备引进过程中，没有很好的吸收和消化国外的整套技术。不清楚农业废弃物产品开发的主攻方向，导致中国的农业废弃物转化产品品种单一、质量差、利用率低、商品价值低，不能形成产业化，无论在国内还是在国际市场上都没有竞争力，也就不能有效的转化农业废弃物，实现资源化利用；同时在设备的投入上，财政的支撑和吸纳社会资金的能力不足，一些很好的技术在产业化的转化过程中，得不到应用和推广，导致废弃物的资源化在低水平上重复以至发展缓慢，不能适应社会生产的需求。

### （四）政策法规缺乏

中国目前已建立了若干项涉及废弃物资源化的环境政策，主要是由国家环保总局出台政策，然而相关的农业部门，主要是抓“谷物、肉、蛋、奶”的生产，并不重视农业废弃物这类“副产品”，更谈不上相应的鼓励治理政策，即便是在食品安全受到高度重视的大背景下，农业废弃物的处理与资源化也没有摆在应有的位置，而且多头管理也造成部门间的有关政策法规的矛盾和冲突。目前的策略基本上是采取末端治理思路去“堵绝”污染，没有强调全过程的综合治理，这样“堵”的结果是废弃物累积性危害的爆发。目前的政策主要是废弃物的治理性和限制性的政策，标准和准则不全面，不统一，有些标准要求高，缺乏监督管理机制，只有“罚”没有“奖”，可操作性不强，运行成本超过相关责任人的承担负荷，执法人员执行难度大，导致政策落实难。此外，还没有一套完整的有关农业废弃物利用的专门法律或法规，而且针对不同地域和不同类型的农业废弃物没有相应的废弃物管理办法，更谈不上系统的监测、监管、预测、预警体系。中国急需要制定出相关的法律和法规来规范废弃物的资源化利用。

## 二、中国农业废弃物资源化的发展战略

### （一）总体发展思路

中国在未来15～20年，农业废弃物的产生总量依然呈增加的趋势，如果不加合理的利用和处理，农业废弃物，尤其是畜禽养殖对环境的污染将更加严重。农业废弃物的处理与资源化不仅关系到资源的再利用和环境安全，而且与农业的可持续发展和农村小康社会的建设紧密相关。农业废弃物资源化的总体发展战略思路是按循环经济理论，以人为本，由废弃物的生态循环开始，逐级发展到循环农业，循环社会的“三环”循环总体发展战略思路（图6–1）：第一个“环”是从农业本身发展的层面，按照生态循环原理，以农业废弃物的循环利用为切入点连接种植和养殖业，构建循环农业的发展模式；第二个“环”是依据循环经济的原理，构建生产—生活—生态—生命（人）一体化协调发展的“四位一体”农村发展模式；第三“环”为在上述两个循环的基础

上，形成具有循环社会特征的农村小康社会。

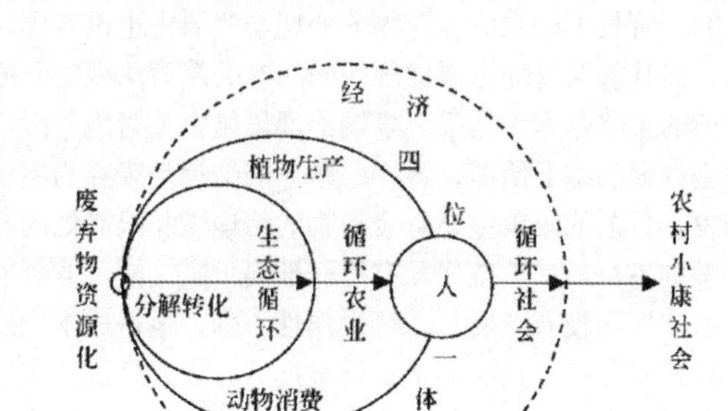


图6–1 农业废弃物资源化总体发展思路

农业废弃物的合理利用和处理，主要的技术突破在以下几个方面：生物处理和生态利用技术的结合将进一步提高物质、能量转换效率，提高产品经济和商品价值，降低生产成本；新技术、新工艺进步，促进生物质能源在可再生能源结构中所占比例；形成比较完善的生产体系和服务体系，保护环境和国民经济可持续发展。

**1．单项技术**

以现代生物技术、信息技术和工程技术提升现有技术和产品的技术含量。比如发酵工程中微生物的筛选和高效工程菌的构建，高效率的机械设备与生物技术有机结合，通过工艺和工程技术的升级和设备水平的提高，提高废弃物无害化、资源化的效率和产品质量。

**2．技术集成**

依据不同地区资源优势和经济发展水平，因地制宜利用现代科学技术并与传统农业技术相结合，按照“整体、协调、循环、再生”的原则，运用系统工程方法，将各种技术优化组合，构建农业废弃物资源化高效利用生态模式。建立和完善农业废弃物资源化利用标准技术体系和技术保障体系。实现生态环境与农村经济两个系统的良性循环，达到经济效益、生态效益、社会效益三大效益的统一。

### （二）发展战略重点

通过废弃物处理与资源化技术升级和产品拓展，实现废弃物资源化产品的无害化、高效化、高质化和工业化。具体有10个重点课题，即：农业废弃资源肥料生产技术与产业化；农业废弃资源饲料化技术与产业化；农业废弃资源新材料生产技术与产业化；农业废弃资源生产生化制品技术与产业化；基于信息技术的废弃物环境安全和预警体系研究与建设；农业废弃物污染治理环境工程与生态技术；用于环境污染物治理和废弃物资源化的生物技术；废弃物处理与综合资源化利用生态工程模式；现代工程技术提升废弃资源机械设备研发与示范推广；农林废弃物生物转化的基础研究。

## 三、中国农业废弃物资源化的对策和保证措施

通过对中国农业废弃物污染现状和资源化技术现状以及主要的瓶颈和资源潜力的分析，依据中国未来全面实现小康社会和GDP翻两番的目标和目前面临的“三农”现状，应用现代的生物技术和工程技术提升农业废弃物的肥料化、能源化、饲料化和材料化水平；针对农业废弃物数量大、品质差、危害多的特点，提高废弃物的利用率，消除农业废弃物对环境的污染，开发生物质能源，发展生物质经济，变废为宝，物尽其用，需要从政策上引导、技术升级支撑、确保资金投入等方面，使农业废弃物资源化得以落实。

### （一）政策引导

针对农业废弃物的资源化缺乏相关的政策性引导，应制定出废弃物资源化的相应政策，明确废弃物资源化的方向是发展循环经济和生态农业，通过制定相关法规教育和提高全民的生态环保素质，鼓励相关技术的引进和中国具有自主知识产权的开发，扶持相关人才的培养，补充和修改相关治理政策，实行全过程管理与末端治理相结合的原则，环保部门和农业部门相结合，政策和法规标准要有步骤、分阶段、分区域的制定和落实，标准要切实可行。

### （二）技术支持

农业废弃物的资源化要依靠技术支撑，在现有技术优势的基础上，组合升级，解决两个层次和两个升级的关键技术。两个层次是农业废弃物集中程度比较高的养殖场等点源污染环境治理和资源利用技术的攻关，农村广大区域面源污染综合治理和资源化利用问题的技术攻关；两个技术升级是提高转化效率和提高转化产品的质量和数量，将大量的污染物转化为能源物质和资源，消除环境污染，通过技术的升级，降低运行成本，提高效益。

### （三）资金投入

投入不仅是资金的投入，还要有管理、人才等，但是资金的投入是农业废弃物资源的保证，环保政策落到实处，将技术关键和难点顺利攻克。相关政府单位的财政支持引导废弃物资源化的方向，解决面上的污染问题和广大农村的能源短缺，吸纳社会资金和鼓励企业的参与，生产高值化产品，促进农业废弃物在整个社会循环圈中的流动和循环。

农业废弃物是一个大的环境污染源，同时也是一个大的生物质资源库，要充分的认识其“双重性”。通过技术升级，向规模化的生物质能的方向拓展，减少农业废弃物对环境的危害、遏制废弃物的污染、降低废弃物资源化成本、深度开发高值产品、提高废弃物资源化和无害化处理率，配套相关政策，大力推广具有市场竞争力的产品，建立一套适合中国国情的废弃物资源化技术体系和保障体系及发展战略，为农业可持续发展和中国的能源安全以及全面实现小康社会做出重要贡献。

# 附件 山西博亚方舟生物科技有限公司简介

山西晨雨企业管理集团有限公司位于太原市高新技术产业开发区，是集科、工、贸、农为一体的大型集团性公司。公司产业涉及基因芯片、微生物研发、房地产、煤炭能源、农资肥料、金融等多个行业。下辖山西晨雨科技开发连锁经营有限公司、山西晨雨晋中肥业有限公司、山西博亚方舟生物科技有限公司、山西晨雨富农科技开发有限公司、山西晨雨研究院、山西福祥和实业有限公司等十几家企业。

集团核心产业之一农资肥料具备了年产25万吨晨雨复混肥料，年产10万吨生物有机肥和年产5万吨微生物肥料的生产规模，企业拥有国际先进、国内领先水平的研发团队和科技成果。2006年被山西省农业厅列为《配方肥生产定点企业》；2013年被农业部列为《配方肥农企对接指定生产企业》全年销量达几十万吨的大型测土配方肥生产企业。

公司以“全心全意地为农民服务”的经营理念为宗旨，通过了ISO9001质量管理体系认证和ISO1400环境管理体系认证。先后被评定为《高新技术企业》、“AAA级信用度企业”、“山西省科普惠农十佳农资企业”、“山西省质量信誉AA级标准”、“最受山西农民欢迎的产品”、“山西名牌产品”、“山西省著名商标”等荣誉称号。

山西博亚方舟生物科技有限公司是集团的另一核心产业，致力于微生物应用技术研发和生产力转化，属国家重点发展的七大新型战略产业。拥有国内领先的微生物应用技术专家和科研团队，掌握着国内领先的微生物应用技术。

目前公司拥有四项微生物国家发明专利，即将申请的微生物发明专利技术十项。博亚方舟的企业使命为：打造人类史上最安全粮食生产的微生物肥料技术；打造人类史上最安全畜、禽、水产品养殖的微生物饲料技术；打造修复人体亚健康和疾患的微生物保健饮品技术；打造具有卓越天然美容功效的微生物面膜技术；打造净化水质微生物过滤技术；打造把农业面源污染的有机废弃物变废为宝的微生物转化技术；打造对荒漠化、盐碱化土地修复复耕的微生物治理技术；打造以生物固氮取代氮肥使用的微生物固氮技术；打造将农作物秸秆等进行人、畜分粮处理的微生物发酵技术。

随着一项项微生物技术的生产力转化，必将为我国的国计民生做出重大贡献！